福原俊一
Fukuhara Shunichi

新幹線100系物語

ちくま新書

JN042823

1564

新幹線100系物語
【目次】

はじめに

†記録よりも記憶に残る名車100系

　100系は、東海道新幹線開業以来活躍を続けた0系から20年ぶりのモデルチェンジ車として1985年に誕生した。1987年の国鉄民営化を目前に控えた大きな潮流のなか、100系は国鉄・メーカ技術陣が背水の陣で設計・開発に臨んだ車両で、「お客様第一」の設計思想が貫かれただけでなく、エクステリア・インテリアデザインに部外の工業デザイナーが本格的に参加した車両で、とかくビジネスライクな新幹線に旅の楽しさを提供した車両でもあった。

　民営化後に東海道・山陽新幹線を承継したJR東海・西日本が増備した100系は、カフェテリア車、グランドひかりなど新生JRのイメージアップに大きく貢献した。そして民営化間もない時期に100系を舞台としたJR東海のCM「エクスプレス・キャンペーン」は、日本のCM市場に一大金字塔を打ち立てた。しかし黄金時代が短いのは世の常、100系誕生の7年後には走行機能全般の改良をはじめ最高速度270km/hを実現した300系が誕生し、主役の座を後継車両に譲ることになった。

　100系は0系と300系の間にはさまれ、技術的には「つなぎの車両」だったように見えなくもないが、国鉄末期から民営化初期にかけてのフラッグシップトレイン

として輝きを見せた。鉄道関係のニュースサイトが「もう一度乗りたい新幹線電車は？」のアンケートを実施した結果、100系が1位で「歴代車両のなかで一番華やかな存在だった」などの意見が寄せられたというが、まばゆいばかりの輝きが人々の記憶に残っているからこそ、多くの人々から支持されるのだろう。

　2階建て食堂車・グリーン車を組み入れて富士山麓を颯爽と駆け抜ける姿は絵になる存在で、100系は記録よりも人々の記憶に残る名車だったことは間違いない。そんな名車の足跡を、基礎資料や関係者への聞取りを基軸にまとめたのが本書である。

†本書の構成

　100系の構想が本格的にスタートしたのは1980年のこと、営業運転は85年から2012年までの27年間にわたった。本書ではこの32年間を時系列に全8章で紹介している。

　第1章では、1964年の東海道新幹線開業以来増備が続けられた0系の後継車両として、2階建て車両を組み入れたモデルチェンジ車の構想がスタートした当時の背景、そして検討の経過を紹介する。

　第2章では、それまでの0系では回転できなかった普通車3人掛シートを回転可能にし、このためシート間隔を広げたにもかかわらず0系16両編成の普通車定員を確保した経緯、100系の「目玉商品」でもある2階建て車両は食堂車1両で構想がスタートしたが、その後グリーン車1両を2階建て車両（したがって16両編成で2両）

に変更した経緯などを紹介する。

第3章では、0系をブラッシュアップした先頭形状と外部色決定の経緯、コスト低減を追求した主回路システム選定の経緯などを紹介する。また100系は部外の工業デザイナーが車両デザインに本格的に参加する先駆けとなった車両でもあり、先頭形状や外部色だけでなく、落ち着いてくつろげる空間を目指したインテリアの実現に大きく貢献した経緯などを紹介する。

第4章では、85年3月に完成した100系第1陣の量産先行車が10月から営業運転が開始された経緯、車両基地で量産先行車を専任で担当する試験科の発足、営業運転開始後の初期トラブル克服に奔走した関係者の苦闘、100系にとって国鉄時代では唯一となったお召列車運転の経緯などを紹介する。

第5章では、民営化後に投入が計画されていた量産車を、民営化までに前倒して投入されることになった経緯、大窓に変更など量産車の設計変更の経緯、そして東海道・山陽新幹線の速度向上と100系量産車が営業運転を開始した86年11月ダイヤ改正の経緯などを紹介する。

第6章では、民営化間もない時期に100系を舞台にしたシンデレラ・エクスプレス、クリスマス・エクスプレスなどエクスプレス・キャンペーンが放映されるまでの経緯、一連のキャンペーンを企画した担当者の思いなどを紹介する。

第7章では、JR東海・西日本が増備した100系カフェテリア編成とグランドひかりが誕生するまでの経緯、そして100系の全盛期だった92年3月ダイヤ改正まで

の動向を紹介する。

　第8章では、「のぞみ」が運転を開始し100系がわき役に押しやられる契機となった93年3月ダイヤ改正、その後の落日を経て、最後まで残った山陽「こだま」運用からも引退し、営業運転を終える2012年3月ダイヤ改正までの動向を紹介する。

　100系は国鉄民営化前後、つまり1980年代後半から1990年代前半という日本に活気のあった時代に光り輝いた車両だった。その足跡の一端を本書から読み取っていただければ幸いである。

＊本書は多くの関係者の方々にうかがったお話をもとに構成しているが、本文では敬称を略させていただいた。

1 東海道新幹線の成長と曲がり角

†東海道新幹線の開業と成長

　1956年度の経済白書が「もはや戦後ではない」と記した当時、東海道本線は輸送量が増加の一途をたどり、根本的な改良が必要不可欠な課題となっていた。この状況を打開するため、抜本的な輸送力増強策の検討が進められ、種々の案を比較検討した結果、世界最高水準の技術を結集した標準軌別線、東海道新幹線の建設が決定された。

　200km/hを超える高速域を営業運転で実現させ、東京〜大阪間を3時間で結ぶ新幹線は、高速運転時にパンタグラフから集電の容易な高圧の交流方式、電圧は国際標準規格の25000V・60Hzが採用され、高速運転での安全をバックアップするATC（自動列車制御装置）やCTC（列車集中制御装置）など、在来線とは一線を画するシステムとして計画された。5年の工期が予定された東海道新幹線は、1959年4月に新丹那トンネル東口で起工式が挙行され建設工事がスタートし、64年7月から全線を通した試運転が開始された。

　こうして迎えた1964年10月1日午前6時、多数の来賓に見送られて「ひかり1号」は東京駅を発車した。当初は超特急「ひかり」4時間、特急「こだま」5時間運転としたが、最高速度210km/hは当時の世界最高速列車となった。開業時のダイヤは毎時同じダイヤを等間隔

写真1-1　1964年10月1日、東海道新幹線開業日に東京駅を発車する「ひかり1号」(『東海道・山陽新幹線二十年史』)

で繰り返すパターン（規格）ダイヤで、「ひかり」「こだま」を毎時1本ずつの1-1パターンで設定された。

　当初は冬期の雪害、初期故障も発生したが、関係者の努力によって様々なトラブルも1年以内にほぼ解消し、安全で安定した新輸送システムとして本格的に機能しはじめた。翌65年11月には「ひかり」3時間10分、「こだま」4時間運転に短縮され、「ひかり」の表定速度（運転区間の距離を、停車時分を含む総所要時間で割った速度）は162.8km/hに向上した。当初計画時の東京〜新大阪間3時間運転の公約より10分超過したが、これは名古屋のほか京都にも停車することになったためと考えられている。当初は名古屋のみ停車し、京都を通過する予定で進められていたが、地元の強い要請もあって停車すること

になった。「京都にも停車決まる」と報道されたのは、開業まで2か月を切った64年8月16日のことだった。余談はさておき、この2駅に各2分停車で計算した基準運転時分（列車を運転する場合の計画上の最小所要時分）では、3時間運転に対して2分しか余裕時分がなく、徐行区間がまだ残っていた当時としては12分の余裕がないと定時運転では困難とみられたためであった。

　東海道新幹線は、スピードアップによる時間短縮効果だけでなく、需要創出効果や沿線開発効果など多くの社会・経済効果をもたらし大成功をおさめ、斜陽産業とまでいわれていた日本（のみならず世界）の鉄道を蘇らせる起爆剤となった。東海道沿線地域が完全に一日行動圏に包含され、東京～大阪間ビジネス旅客の日帰り旅行が一般化したほか、東京の奥座敷だった熱海が関西から足を延ばせるようになった。

　東海道新幹線は電車方式を採用した点が大きな特長で、その成功の源となった。列車の重量が各車両均等に分担されるので軸重、つまりレールにかかる荷重が平準化されるだけでなく、専門的には主電動機と称する「動輪を駆動して車両を走行させる」モータを全車両に搭載した全電動車とすることで性能の優れた電気ブレーキを常用することができ、円滑な高速運転をなしえたからである。さらに新幹線0系の電動車は2両1組で構成され、輸送需要に応じてこの2両ユニット単位で編成長を柔軟に変えられることも利点だった。

　経済成長にも恵まれて利用客は順調に増加し、70年には「人類の進歩と調和」をテーマとした日本万国博覧

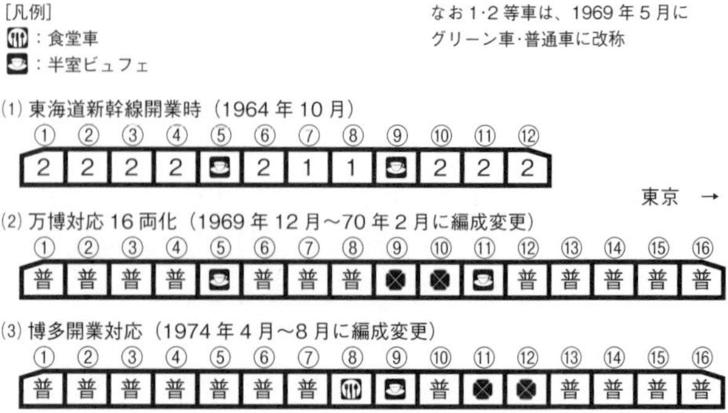

[凡例]
🍴：食堂車
🔲：半室ビュフェ

なお1・2等車は、1969年5月に
グリーン車・普通車に改称

(1) 東海道新幹線開業時（1964年10月）

東京 →

(2) 万博対応16両化（1969年12月～70年2月に編成変更）

(3) 博多開業対応（1974年4月～8月に編成変更）

図1-1　ひかり編成の変遷

会が大阪で開催された。800万人が新幹線を利用すると
想定された万博輸送に対処するため、図1-1のように電
車方式の利点を活かして、ひかり編成16両化が実施さ
れた。3月から9月まで万博輸送では想定を上回る1000
万人を輸送し、16両編成の「ひかり」は動くパビリオ
ンとして内外から高く評価された。

コラム1　公募された東海道新幹線の愛称名

　東海道新幹線の列車は超特急と特急の二本立てで計
画されたが、当初は列車番号をもって呼ぶこととし、
列車名、いわゆる愛称名はつけない方針で進んでき
た。ところが、国内の特急列車はもちろん諸外国の代
表的特急にはすべて愛称がついており、新幹線にもぜ
ひとも愛称がほしいという意見が強いことから愛称を
つけることになり、超特急・特急の愛称を選定するこ
とになった。

64年6月14日付の一般紙に愛称公募の記事が掲載され、応募総数は予想の30万通を超える56万通に及んだ。応募された愛称は780種類、天体名、地名、人名、動物名など森羅万象にわたり、トップ10は表1-1の結果となった。審査の基本

表 1-1　新幹線愛称得票数

順位	愛称	票数
1	ひかり	19,845
2	はやぶさ	17,118
3	いなづま	16,321
4	はやて	14,881
5	富士	14,313
6	流星	12,459
7	あかつき	8,848
8	さくら	8,517
9	日本	8,504
10	こだま	8,215

方針は、必ずしも応募数の多いものを選ぶことはしないが、簡明で分かりやすいもの、超特急・特急が同じ系統でペアになるもの、従来使用している愛称でも適当なものなら差し支えないということで進められた。そしてスピードを象徴するものとして上位のなかから、それぞれ光速、音速を代表して超特急は「ひかり」、特急は「こだま」が最適であると多数の意見が一致し、7月7日に開催された理事会で決定され、翌8日に公式発表された。

　「ひかり」の愛称の歴史は、戦前期の大陸での国際列車からはじまり、戦後の58年4月から博多〜別府間の臨時急行として運転を開始、62年10月からは博多・門司港〜別府〜西鹿児島（現在の鹿児島中央）・熊本間の九州全域を駆け抜けるディーゼル急行として運転されていた。文字通り「2階級特進」の栄転だったが、超特急にふさわしい愛称名の起用だった。

　一方の「こだま」は、58年11月に運転を開始した

東海道電車特急の愛称である。国鉄が都内の大学生を対象に愛称の印象を東海道新幹線開業前年の63年に調査したが、その結果は「こだま」がダントツの人気で、男性の58%、女性の46%が「非常によい」と回答していた。時間の経過という歯車が歴史観を変えるのかもしれないが、こだま形電車は東京～大阪の日帰りを実現させ、人々に新幹線以上のスピード感と強烈なインパクトを与えた。東海道新幹線は、展望車を最後部にしたがえた機関車けん引の特急列車から一挙に飛躍したような論調で一部マスコミは語るが、一朝一夕で飛躍できるほど鉄道技術は底の浅いモノではない。新幹線の生みの親として知られる国鉄元技師長の島秀雄は、長い鉄道人生のなかで「一番うれしかったのは「こだま」が運転を開始したときだった。あれは本当に苦労して作った。新幹線はその考えを延長したようなものだから」と語っていたように、こだま形電車の成功があったから新幹線も実現できたのである。

その功績を讃えるように「こだま」の愛称は東海道新幹線にコンバートされたが、「こだま」を新幹線に継承するため、ペアになる「ひかり」が選定されたように筆者は思えてならないのである。

†岡山・博多開業そして曲がり角を迎えた新幹線

東海道新幹線の開通によって東京～大阪間の輸送力不足は打開されたが、山陽本線も輸送量が年々増加し、抜本的な輸送力増強に迫られていた。各種案が比較検討されたが、新幹線を西に延伸することが最良との結論に達

し、まず新大阪〜岡山間を建設し、次いで博多まで延伸することが決定された。山陽新幹線の新大阪〜岡山間は72年3月に開業、ほとんどの「ひかり」が新大阪以西まで直通した。新大阪以西は①新大阪〜岡山ノンストップの「Wひかり」、②新神戸と姫路に停まる「Aひかり」、③各停の「Bひかり」のタイプが設定された。

「最初の案ではノンストップタイプが「Aひかり」で、「Bひかり」「Cひかり」でしたが、これでは「C」が一番下だと思われる。ノンストップ列車の停まらない駅のお客様から見たら不愉快な思いをするだろうから、西へ行くという「W」にするようにと、当時の総裁から指示が出て変えたのです」と本社旅客局営業課長として岡山開業に携わった須田寛は語ったが、「Wひかり」は東京〜岡山間を4時間10分で結んだ。

岡山開業から3年後の75年3月、山陽新幹線が博多まで全通した。岡山開業時と同様に「ひかり」は東海道・山陽新幹線直通運転を中心とし、①広島・小郡（一部列車のみ）・小倉に停車する「Wひかり」、②岡山以西各停の「Aひかり」、③新大阪以西各停の「Bひかり」のタイプが設定され、「Wひかり」は東京〜博多間6時間40分運転で当初は計画されたが、工事完成から開業までの期間が短く盛土区間の路盤沈下が考えられたこと、山口・福岡県内の旧炭鉱地帯などで路盤不安定な箇所があること、などから6時間56分で運転された。運転区間・時分が長くなったので、ひかり編成に食堂車が連結された。この食堂車は広い車体幅を活かして通り抜け通路を分離した構造で、利用しやすさを考慮して編成

中央部の8号車に連結し、ビュフェを隣の9号車に配置した長距離運転にふさわしい編成に生まれ変わり、博多開業に先立って74年9月から営業を開始した。

　順調に成長を続けた東海道新幹線だったが、開業10年を迎える頃には運転事故件数が増加するなど、施設・車両の経年による疲労が目立つようになった。73年2月には大阪・鳥飼基地でATCの停止信号をオーバーランし、脱線にいたる事故が発生、この鳥飼事故以降も74年9月には品川で、11月には新大阪でATC・CTCの関係事故が発生し、新幹線安全神話の崩壊とマスコミはセンセーショナルに報じた。74年に設置された新幹線総合調査委員会で恒久対策が検討され、車両・線路・架線の取替計画を立てるとともに、深夜の補修時間だけでは間に合わないため、同年12月から82年1月まで計画的に計48回にわたって午前中の半日間運転を取りやめて、軌道・架線などの施設の取替えや補修工事を行う「新幹線臨時総点検」「新幹線若返り作戦」が実施された。

　さらに、列車速度向上や運転本数増加などに伴い、騒音・振動に対する苦情が増加し、74年には名古屋地区で「東海道新幹線騒音振動侵入禁止等請求事件」として沿線住民が国鉄を提訴するなど、新幹線公害とまでいわれるようになった。翌75年には、環境庁から住宅地域は70デシベル以下、それ以外の地域は75デシベル以下を基準値とした「新幹線騒音に係る環境基準」が告示され、盛土・高架橋区間の防音壁設置、鉄けた防音工設置など東海道新幹線の環境保全対策を実施するようになった。

一方、新幹線を取り巻く環境も大きく変わった。東海道新幹線開業初年の64年度から国鉄の経営収支は赤字に転落、その後も収支は年々悪化を続け、75年度末の累積赤字は3兆円を超える事態となった。このため76年11月には運賃50%（運賃56%、料金43%）の大幅な改定を行ない、以降も毎年のように値上げが繰り返され、他輸送機関との相対的競争力低下は旅客・荷主の国鉄離れを加速させていった。1973年秋の石油ショックを境に高度成長から低成長の時代に転換し、開業以来伸び続けてきた東海道新幹線の輸送量も74年度をピークに鈍

表1-2　東海道新幹線輸送人員推移

年度	輸送人員 （千人）	指数	記　事
65	30,967	26.3	
66	43,783	37.2	66.3 運賃改定（旅客 32.3%）
67	56,250	47.7	
68	65,903	55.9	
69	71,574	60.7	69.5 運賃改定（旅客 15.9%）
70	84,628	71.8	
71	84,510	71.7	
72	97,551	82.8	
73	113,908	96.7	
74	117,836	100.0	74.10 運賃改定（旅客 23.2%）
75	116,907	99.2	
76	107,531	91.3	76.11 運賃改定（旅客 50.4%）
77	94,770	80.4	
78	91,389	77.6	78.7 運賃改定（旅客 16.4%）
79	91,165	77.4	79.5 運賃改定（旅客 8.8%）
80	91,771	77.9	80.4 運賃改定（旅客 4.5%）
81	91,276	77.5	81.4 運賃改定（旅客 9.7%）
82	90,918	77.2	82.4 運賃改定（旅客 6.1%）
83	93,197	79.1	

化するようになったが、とりわけ76年11月の運賃値上げ以降は表1-2のように大きく落ち込むようになった。

「開業当初の東京〜新大阪間「こだま」2等車の運賃・料金は2,280円で飛行機の約3分の1でした。それが相次ぐ値上げで、飛行機と100円しか違わなくなってしまった時期がありました。とても考えられないことで、残念だったのを憶えています」と81年から本社旅客局長に就任した須田寛は語ったが、堅調だった東京〜新大阪間、新大阪〜博多間の「ひかり」輸送量も50%値上げ以降は表1-3のように減少していた。

このような状況で実施された80年10月ダイヤ改正は「減量ダイヤ」と呼ばれ、利用率が低下していた「こだま」の本数削減が実施された。このダイヤ改正では三原〜博多間（一部区間）の160km/h速度制限解除に伴い東京〜博多間が6時間40分に短縮されたほか、80年3月には航空運賃の40%近い値上げというアシスト？ もあ

表 1-3　東海道・山陽新幹線 輸送人員及び輸送シェア推移

| 年度 | 東京〜新大阪間 | | | | 新大阪〜博多間 | | | |
| | 国鉄 | | 航空機 | | 国鉄 | | 航空機 | |
	輸送人員	シェア	輸送人員	シェア	輸送人員	シェア	輸送人員	シェア
76	20,288	88	2,845	12	3,860	72	1,524	28
77	18,442	85	3,309	15	3,208	65	1,734	35
78	18,303	84	3,454	16	2,933	60	1,948	40
79	18,955	84	3,641	16	2,901	58	2,136	42
80	19,955	86	3,161	14	3,036	61	1,958	39
81	20,685	87	3,046	13	3,086	61	2,003	39
82	21,236	88	2,907	12	3,161	64	1,781	36
83	22,155	88	3,140	12	3,181	65	1,737	35

輸送人員の単位：百万人

って、東京〜新大阪間、新大阪〜博多間の「ひかり」輸送人員は持ち直したが、他輸送機関との競争力強化が望まれる情勢となっていた。

†0系普通車シートと食堂車の改良

0系普通車の腰掛は、2人+3人掛の転換クロスシートが開業以来採用されていた。転換シートは、首都圏では採用例が少ないが、他都市圏の快速電車に広く採用されている方式で、腰掛の背ずりを前後に転換して進行方向に変更できるシートである。当時全国で活躍していた在来線特急電車・気動車の普通車に用いられていた回転シート（背ずりを起こして回転するシート）の方が掛け心地は良いが、3人掛シートを回転させるには広いシート間隔（シートピッチ）が必要になることから、0系では転換シートが採用された。

旅客車の旅客サービス設備（アコモデーション）改良が70年代から本格的に推進されるようになり、在来線特急普通車にはリクライニングシートが導入された。一方、0系普通車は従来と変わらないままで、サービス格差が生じるようになっていたことから0系普通車シートの改良が検討され、79年6月にひかり1編成の1・2号車にリクライニングシートが試行された。2人掛シートは回転式、3人掛シートは回転できないため固定式としたが、シート背面には弁当・飲み物類が置ける大形テーブルが設けられた。3人掛シートは、客室中央から前半分を前向き、後ろ半分を後ろ向きとした集団離反型、その逆向きの集団見合型の2種類が試行され、旅客へのア

写真 1-2　0 系普通車のリクライニングシート（リニア・鉄道館）

ンケート結果から集団離反型が採用されることになり、ひかり編成を対象にしたリクライニングシートへの取替え工事が 80 年度からスタートした。

　シートピッチもアコモデーション上重要な要素である。0 系普通車のシートピッチは開業以来 940mm から変わらず、その後に誕生していた私鉄特急車両と比較して見劣りするようになっていたが、82 年に開業する東北・上越新幹線に投入された 200 系普通車ではリクライニングシート採用と併せてシートピッチが 980mm に拡大された。この施策は 0 系増備車にも反映され、1 両で 2 人＋3 人掛シートが 1 列分減った 30 次車（2000 番台）が 81 年度に誕生した。

　一方、博多開業に備えて組み入れた食堂車は、通り抜ける旅客が食事中の旅客の邪魔にならないよう山側に通路が配置されていたが、食堂との間に仕切壁が設けられ

写真 1-3　0系食堂車（リニア・鉄道館）

たため、食堂から富士山が見えないという意見が寄せられていた。「富士山が見えるよう側通路を海側に設ければよかったのにと思えますが」と、須田寛に尋ねたところ、「寝台車の側通路は山側に配置する昔からの暗黙のルールがあったのです。それは東京駅 15 番線のように優等列車が発車する主要駅のプラットホームが山側にありましたから、プラットホームから見送りをする人のために側通路はホーム側がいいという理由だったと聞いています。それで 0 系食堂車の通路もごく自然に山側に設けたのでしょう」と語った。富士山を眺めながら食事したいという声にこたえるため、79 年 10 月にひかり 1 編成の食堂車仕切壁にガラス窓取付けが試行された。「マウント富士」と通称された仕切窓取付工事は、前述のリクライニングシートへの取替え工事と同様 80 年度からスタートした。

しかしこれらのアコモデーション改良施策も残念ながら評価はいま一つだった。普通車リクライニングシートは、理論的には全体の70％が進行方向を向くことができるが、逆向きとなる3人掛シートは評判が良いとはいえず、83年に実施されたアンケート結果でも普通車シートの向きを回転可能にという意見が多く寄せられた。

　「車掌の車内改札も3人掛シートの半分はお客様の背中側から行うようになるのでやりにくい、進行方向を向いた2人掛シートのお客様と変な角度で目線が合ってしまうなどの問題がありました。お客様も嫌がるので自由席の空いている時期は、前向きのシートは均等に座っているのに後向きシートには誰も座っていないようなこともありました」と須田は語った。一方の「マウント富士」についても必ずしも好評ではなかった。

　「富士山が見えるよう、食堂車の仕切壁にガラス窓を取り付けたところ、食堂からは側通路で並んで待っているお客様のお尻しか見えない、逆に通路を通るお客様からは食事中のところが見えてしまうことになってしまいました」と、須田は思い出を語った。このような情勢下、アコモデーションの抜本的改良をはじめとした施策を盛り込んだ新幹線電車のモデルチェンジ構想が胎動しはじめたのであった。

2　モデルチェンジ車の胎動

†2階建て車両の構想

　新幹線電車のさらなる高速化は東海道新幹線開業間も

ない時期にスタートし、山陽新幹線は最高速度 260 km/hを前提に建設が進められた。車両についても高速試験車が開発され、69 年に完成した 951 形試験電車は 72 年2 月に 286 km/h をマークした。その後、全国新幹線網に対応する車両として 73 年に完成した 961 形試験電車は長距離運転を考慮して寝台車・食堂車などの設備も試作され、79 年 12 月には 319 km/h をマークした。しかし当時の国鉄は赤字財政もさることながら「マル生」と呼ばれた生産性運動の後遺症で 70 年代前半から労使関係が複雑化し、労働争議が多発していた。新技術の現車試験ひとつとっても労組の了解を得るのが難しくなるなど、技術開発や速度向上が停滞した冬の時代だった。騒音などの新幹線公害を抱えていたこともあって、東海道・山陽新幹線の最高速度は開業以来の 210 km/h から変わらず、82 年開業予定の東北・上越新幹線も 210 km/h 運転にとどまっていた。

　車両計画・設計及び修繕などの車両全般を統括する工作局が主催し、今後の車両のあり方を広く議論する「車両研究会」が 79 年 8 月に発足した。テーマのひとつとして次期新幹線電車が検討され、80 年 7 月に開催された第 3 回車両研究会で、図 1-2 のように 2 階建て車両のほか、普通車は 2 人＋2 人掛シート、特別車（グリーン車）には区分室（個室）を設けたデラックス編成の構想が工作局車両設計事務所から提出された（折込図 1・2 参照）。

　0 系ひかり編成は、前述のように 2 両 1 組の電動車 8 ユニットで構成している。この 2 両 1 ユニットを開放し

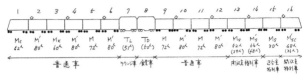

図1-2　デラックス編成案（第3回車両研究会）

ても所定時刻での運転の可能なことが発想の源で、2両
1ユニットを主電動機のない付随車とすれば、大きなス
ペースを占める電気機器を床下に取り付ける必要がなく
なり、レール面上200mmの位置から車両限界（コラム「新
幹線の車両限界」参照）いっぱいの高さ寸法を使うことで
2階建て構成が可能になるからである。折込図①②は車
両限界いっぱいにとった2階建て食堂車・ラウンジ車の
構想案で、ラウンジ車は2階部をラウンジ、1階部をビ
ュフェとする構想だった。第3回車両研究会で、車両設
計事務所新幹線グループ次長・島隆は「いまの0系食堂
車側通路で、山側が見えない問題点を解決するために提
案したものだ」と発言している。

　車両研究会での2階建て車両の提案は営業施策として
方向づけられたものではなく、技術的可能性の検討とい
う位置付けだったが、デラックス編成のイメージを明確
にする目的及び関係者の意見集約のため、折込図②のラ
ウンジ車をベースとした2階建て車両のモックアップ
（実物大模型）が浜松工場で80年に製作された。一方、労
使関係などの事情から中断していた速度向上に取り組む
「列車速度調査委員会（速調）」が80年6月に再開され、
新幹線・在来線の速度向上策が検討されるようになった
が、この頃には新幹線を取り巻く環境が大きく転換して

いった。

浜松工場のモックアップが完成間もない81年2月、フランスのTGVは当時の世界最高速度記録380km/hをマーク、9月からパリ〜リョン間最高速度260km/hで営業運転を開始した。新幹線に代わって世界最高速列車となるTGVが営業運転を開始すると、マスコミの報道姿勢は明らかに変わった。「高速化に批判的だったマスコミも手の

写真1-4　浜松工場が80年度に製作したモックアップ（リニア・鉄道館提供）

ひらを返すように、新幹線の高速化の足踏みを批判するようになった」は当時の関係者の思い出であるが、TGV開業を機に高速化に取り組む機運が高まっていった。さらに81年3月に発足した第2次臨時行政調査委員会（第2次臨調）は、三公社と呼ばれた日本国有鉄道・日本専売公社・日本電信電話公社の民営化を提起し、なかでも破産状況にある国鉄は「責任ある効率的な経営を行ないうる仕組みを早急に導入するため、分割・民営化が必要である」と翌82年7月に答申した。

82年2月に開催された第6回車両研究会新幹線分科会で、今後の新幹線電車として折込図③のように、個室車（個室ひかり）、モデルチェンジ車（0'系）、スーパーひかり（100系）などが報告された。0'系と仮称されたモデ

写真1-5　車両研究会制作パンフレット（左から個室ひかり、モデルチェンジ車、スーパーひかり）

ルチェンジ車は、①先頭形状の変更、斬新なアコモデーションの採用など東海道・山陽新幹線のイメージチェンジを図ること、②最高速度は230 km/hとすること、などを基本構想とし、導入時期は85年度を考えていることが説明された。編成案は折込図④のとおりで、運転台機器などをもつため重量的に厳しい両先頭車のほか中央部の2両を付随車とし、中央部の付随車には展望室、個室など新しいアコモデーションを提供する2階建て車両を配置する構想だった。

　車両研究会では、構想を検討している車両をPRする（といっても一般向けではないが）パンフレットを82年に制作し、新幹線電車は前述の3車種のパンフレットが制作された。「個室ひかり」は、東海道・山陽新幹線の当面の輸送改善及び長期的輸送改善のあり方を検討するために設置された「新幹線輸送改善研究会」の中間報告を受けた役員会の指示に基づいた車両で、ゆとりある旅を演出できるようプライベートな空間の個室を主体に構成さ

れた。また「スーパーひかり」は、営業運転での 260 km /h を目指して検討された車両で、車体断面を在来線車両程度まで縮小するなど徹底的な軽量化設計で構想され、快適な室内空間を提供するためグリーン車は 1 人＋2 人掛シート、普通車は 2 人＋2 人掛シートで構想された。

コラム2 「長時間座りっぱなし耐久レース」で優勝した0系リクライニングシート

　0系30次車と200系普通車で採用されたリクライニングシートは、掛け心地の良い背ずり、座ぶとん形状が改良されたが、そのトレースのため82年度に国鉄の部外委託研究で新旧シートの比較評価が行なわれた。シートに安定した姿勢で腰掛けた状態を調査したところ、新形リクライニングシートの方が従来の転換シートよりも楽な姿勢を保持できることが確かめられた。

　これとほぼ同じ時期の83年2月にテレビ放送された科学情報番組で、ソファーや事務用椅子などを使って長時間座りっぱなし耐久レース実験が行なわれた。

表 1-4　長時間座りっぱなし耐久レース実験結果

順位	椅子の種類	連続腰掛時間	
1	新幹線普通車新形リクライニングシート	6 時間	55 分
2	平社員用事務椅子	4	20
3	課長用事務椅子	3	49
4	新幹線普通車旧形転換シート	3	40
5	学校用合板製椅子	3	34
6	応接用ソファー	3	16
7	社長の椅子	3	14
8	バーカウンター用椅子	2	58
9	座ることを拒否する椅子（岡本太郎作）	1	38

それぞれの椅子に調査員が座って、耐えられなくなるまでの時間が測定され、新幹線普通車新形リクライニングシートが第1位、従来の転換シートも第4位と良好な成績を示した（表1-4）。3人掛シートが回転できないなど旅客の評価はいま一つだったが、長時間腰掛けるという面では非常によい性能をもっていた事実を、0系リクライニングシートの名誉のために記しておこう。

†国鉄のイメージアップをねらった戦略車両100系

　東海道新幹線開業時から使用された0系は、新幹線の顔として親しまれる存在だったが、開業時から就役している1・2次車360両を76年度から置き換えることになった。本来ならこの間の技術進歩を取り入れたモデルチェンジ車の投入が望ましいところだが、図1-1に記したような編成変更の経緯があって、編成中の約3分の1は開業後に増備した経年の浅い車両が組み入れられているため、編成単位での置換えが難しいことから0系を新製して老朽化した0系を置き換えていた。

　しかし博多開業用として73〜74年にかけて500両以上が投入されたグループは、編成単位での置換えが比較的容易で、このグループが置換え時期を迎える1980年代後半が新形式車投入のチャンスであり、このタイミングでの新形式車の投入は見方を変えれば必然でもあった。新形式車はモデルチェンジ車とスーパーひかりのいずれかになるが、後者は主電動機を駆動させる制御装置など電車の心臓部にあたる主回路システムの開発など要

素技術開発に時間がかかり、このグループの置換え時期には間に合わない。そこで200系で実績のある主回路システムを使用し、アコモデーション改良に主眼を置いたモデルチェンジ車の開発が急がれることになった。

　一方、航空機では80年代後半から羽田空港整備・関西新空港完成などが進められ、93年には羽田空港の発着能力は1.5倍に増強される計画がたてられていた。航空機の大幅な増発が可能になることは国鉄にとって脅威であり、全旅客収入の3分の1を占める東海道・山陽新幹線の競争力強化は焦眉の急であった。このため速調では図1-3のように、①第1段階として、現有車両・設備で東京〜新大阪間3時間を切る（86年度予定）、②第2段階として、新形車両を使用した「Wひかり」を230km/h化して東京〜新大阪間の一層の時間短縮と新大阪〜博多間3時間を切る（89年度予定）、③第3段階として、山陽区間での「Wひかり」を260km/h化する（91年度予定）、④第4段階として、ひかり編成を全て新形車両に置き換えて、東海道・山陽新幹線の「ひかり」を230km/h化する（93年度予定）、という空港整備に先手を打つスケジュールが計画された。

　ここでいう第1段階の現有車両とは0系電車のことで、現有の地上設備を大幅に改修しないで220km/hに速度向上して3時間を切る計画だった。また第2段階の新形車両とは、モデルチェンジ車（100系）のことである。新幹線電車の形式は、0系に続いて東海道・山陽新幹線置換え用が100系、東北・上越用が200系とする考えで進められており、当初はモデルチェンジ車が0'

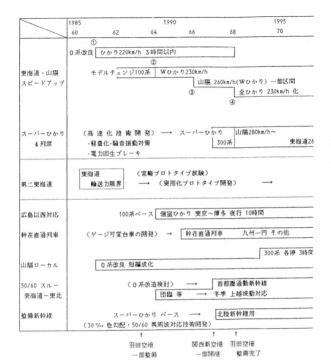

図1-3　東海道・山陽新幹線の将来展望（第9回車両研究会）

系、スーパーひかりが100系と仮称されていたが、82年11月に開催された第7回車両研究会からモデルチェンジ車は100系、スーパーひかりは300系と呼ばれるようになった。この100系は、①量産先行車を84年度に製作、②性能確認・速度向上試験を85年度に実施、③量産車の製作を86年度に開始して87年度に投入、のスケジュールで計画された。100系を投入すれば230km/h

化は早い時期にも実現可能だが、量産車の増備が進んで、ひかり編成の約3分の1が100系で運用できる89年度に230km/h化する目標が立てられたのである。

モデルチェンジ車の構想検討がはじまった81年、須田寛は名古屋鉄道管理局長から本社旅客局長に戻ってきた。すでに集団離反型シートの導入は始まっていたが、必ずしも好評ではない状況に須田自身も残念な思いをしていた。

「そのときにモデルチェンジ車の話が出てきたのです。車両の走行性能にかかわるモデルチェンジではなく、客室のモデルチェンジをコンセプトにしました。なぜかと言うと、当時の国鉄は、運賃値上げだとか分割・民営化だとかストライキだとか、暗い話題しかありませんでした。国鉄のイメージアップのため、新幹線で明るい話題を、明るい列車を作ろうじゃないかという意見が職員からも出されていたので、旅客サービスという点でのモデルチェンジをこ

こでやってみようということになったのです」と須田は当時の経緯を語った。「モデルチェンジ車のアコモデーションについて営業サイドから具体的な要請をしたのでしょうか」と、須田に尋ねたところ、「普通車3人掛シートも向きを変えられるようにすること、昔の転換クロスシートに戻してもいいから、進行方向を向けるようにすること。それと当時の「ひかり」の乗車率は堅調でしたから、定員は0系16両編成と同一にすること。この二つをお願いしました」と語った。3人掛シートを回転できるようにするには広いシートピッチが必要になる、それは定員確保とトレードオフの関係にある。その難問に車両設計事務所・メーカ技術陣の挑戦がはじまろうとしていたのである。

1　100系の基本構想

†「早く、快適に、安く」のニーズに応えた構想

　100系は1984年5月14日に開催された常務会で量産先行車1編成16両の製作が正式に決定、年度内に完成させて翌85年秋頃から営業運転を開始すると報道された。100系の具体的な検討は82年から本格的にスタートしたが、基本的考え方となるニーズは「早く、快適に、安く」の三本柱で整理された。

　まず「早く」であるが、東海道・山陽新幹線の競争力を維持・向上させるため、東京〜新大阪間・新大阪〜博多間の到達時分3時間未満を目標とした。1968年10月ダイヤ改正で上野〜仙台・新潟間の在来線電車特急「ひばり」「とき」はスピードアップされて「4時間の壁」を破った。東北・上越新幹線が開業するまで電車特急のエースとして君臨した両雄が破ったこの壁は、旅客が鉄道を選択する分岐点と一般にいわれる。しかし80年10月ダイヤ改正で新大阪〜博多間の到達時分が3時間28分に短縮されていた「Wひかり」のシェアは表1-3のように60%台にとどまり、速調が福岡空港で大阪行航空旅客に実施したアンケート調査で「30分短縮すれば新幹線に乗る」と約4割の旅客が回答した事実からも「3時間の壁」を破ることは重要だった。さらに1965年以来変わっていない東京〜新大阪間3時間10分の到達時分を短縮することは経営戦略上だけでなく、旅客にア

ピールできるセールスポイントとしても重要だった。到達時間短縮には、①最高速度向上、②登坂能力向上、③曲線通過速度向上、④加減速度向上などの方策があるが、全走行時分の約70％を高速走行する「ひかり」にとっては①が有効な手段なので、最高速度230km/hで計画された。

　次の「快適に」は、斬新な先頭形状や2階建て車両導入などのイメージアップ、情報サービスの充実などサービスの多様化、乗り心地の向上が図られた。また東海道新幹線の乗り心地は、東北・上越新幹線に比較して左右振動が1ランク悪く、乗り心地評価が低い要因となっていた。これは曲線半径の小さい東海道区間で発生しやすい車輪フランジの摩耗に起因するので、これを抑制するため踏面（レール上面に接する車輪の部分）の形状が改良されることになった。左右振動と並んで苦情の多かったのが前後振動で、これは低速でのブレーキ力の変化に起因している。車体と連結器の間には緩衝器が設けられているが、0系の緩衝器では吸収しきれないと考えられたことから、100系では小さな衝撃も追従できる緩衝器に改良されることになった。

　最後の「安く」は、当時の国鉄の財政事情を考えれば当然でもあった。1982年当時の0系の新製コストは1両平均約2億円だったのに対して200系は約3億円だったが、100系では0系なみの価格とすることが前提条件であり、構想段階で重量・コストの比較検討が行なわれた。200系のアルミニウム合金車体は0系の鋼製車体に比較して約3.5tの軽量化が見込まれ、その分列車運転

の電気料金、いわゆるランニングコストを節減できるが、材料費などの新製コスト増分に見合わないため、100系では普通鋼が使用されることになった。

　従来の0系では全電動車方式が採用されていた。これは、①動力装置を分散することで、東海道新幹線の軸重制限16tのクリアが容易であること、②ブレーキ時に主電動機を発電機として作用させることでブレーキ力を得る電気ブレーキが全軸で使用できること、が主な理由だが、100系では付随車が導入されることになった。電動車12両と付随車4両の12M4T編成とし、2両1ユニットの電動車数が少なくなることで（1ユニット当たりのパワーは増大するが、編成トータルでは）新製コストや車両保守コストの低減が可能だった。また電動車ユニット減によるパンタグラフ数の減は架線保守コストや騒音低減が、付随車の導入による編成重量減は運転コストや軌道保守コスト低減が可能だった。

　100系の編成は車両研究会の構想と同様に、運転台機器などをもつため重量的に厳しい両先頭車のほか中間車2両を付随車で構成し、イメージアップの一環として2階建て車両が導入されることになった。日本の2階建て車両は近鉄ビスタカーが知られ、諸外国では通勤・観光用に多く使用されているが、200km/hを超える高速鉄道では初めての試みであり、次代を担う新幹線電車をアピールする目玉商品でもあった。

† **投資を抑えつつ目指した最高速度230km/h**

　鉄道は車両や駅だけではなく軌道などの線路、信号な

表2-1　ATC信号速度　　　　　　　　　　　　　　　　（単位：km/h）

信号	210	160	110	70	30	0_1
従来（0系）	210	160	110	70	30	0
100系	230	170	120		（従来のまま）	

どの電気設備、橋りょうなどの施設、そして実際に列車を走らせる運転などのシステムから成り、これらが有機的に結合して運営する「システム工学」の所産である。最高速度向上は車両をパワーアップするだけで実現できるものではなく、線路設備や信号設備との関連、さらには騒音などに影響しないことが大前提であり、財政事情を考慮して地上設備の追加投資を抑制していかに速度向上を実現させるかが課題だった。

　ところで100系の最高速度は、モデルチェンジ車と仮称されていた当時と同一の230 km/hで計画された。これ以上の速度向上は考えなかったのか疑問も出てくるが、現行ATC地上設備とブレーキ性能の条件、東海道区間の曲線半径2500 mなどの線路条件では230 km/hが限度だったのである。

　まず信号設備だが、当時のATC信号は開業時に導入した単周波方式が使用され、ATC信号は表2-1の6段階が設定されていた。最高速度を向上するには信号段数を追加する必要があるが、この方式では段数の追加は不可能だった。東北・上越新幹線では、信頼性向上のほか速度向上に対する信号追加も可能な2周波方式が導入され、山陽新幹線も2周波化の準備はできていたが、東海道新幹線は80年度から2周波方式への更新工事に着手したばかりで、完了するのは数年先の見通しだった。こ

のため地上信号はそのままとし、車両側で各信号を読み替える方式が採用されることになった。

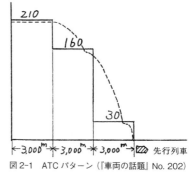
図 2-1　ATC パターン（『車両の話題』No. 202）

　この方式の実現に当たっては、ATC セクション長と減速性能が焦点となり、速調で多くの時間をかけて議論された。ATC のパターンは図 2-1 のとおりで、従来の減速性能のまま最高速度を向上すると、セクションをオーバーランしてしまう。当時の東海道新幹線の ATC セクション長は 3000 m が基本だったが、これを極力改修せずに速度向上という相反する目標を両立させるには ATC セクション長と減速性能を再整理する必要があった。

　そこで、車両の減速度は、乗車率、車輪径誤差、主電動機特性などの多くの変動要素を考慮しつつ、ブレーキ低減率を見直すとともに、ATC 信号を受けてからブレーキ力が発生するまでの空走時間短縮などを図ることで、ATC セクション長などの地上設備改修を極力抑制した上で最高速度 230 km/h で計画された。

　次に曲線区間の最高速度を説明しよう。列車が曲線区間走行時には遠心力が働き、旅客が外側に引っ張られて乗り心地が悪化するだけでなく、横圧などで軌道破壊が進む。はなはだしい場合は曲線外側に転覆の危険が生じ

る。そこで安全に走行できるよう外側レールを内側より
も高くするが、この高低差をカントと称している。速度
を向上するとカント量が不足して乗り心地が悪化する、
カントを高くできればいいのだが、停車時の転覆などを
考慮してカント量の上限が定められている。

　東海道新幹線は計画最高速度210 km/h、本線の最小
曲線半径2500 mなどの基準で建設され、将来計画260
km/h運転を勘案して最小曲線半径4000 mなどの基準で
建設された山陽新幹線よりも線形が厳しい。半径2500
m区間での230 km/h運転時には、カント不足量が当時
の規程では超えてしまうが、超過遠心力（乗り心地の限
界）は問題ないと判断された。

　このような経緯で100系の最高速度は230 km/hに決
定されたが、将来的に2周波ATC方式化された時点で
山陽区間のさらなる高速運転が考えられるため、240 km
/h走行についても加速余力をもたせるように考慮され
た。起動時の加速性能は、0系の1.0 km/h/s（0.28 m/s²）
に対して1.6 km/h/s（0.44 m/s²）に設定されたが、これは
当時の山手線に使用されていた103系通勤形電車の加速
度2.0 km/h/sには及ばないものの、一世代前のマルーン
塗色の72系電車と同等な高加速性能だった。最高速
度、加速度、減速度が決定されれば、東京〜新大阪・新
大阪〜博多間の到達時分をシミュレーションで算出でき
る。その結果余裕時分も含めて前者が2時間53分、後
者が2時間59分と、3時間未満を達成する見通しが得
られたのである。

†お客様第一とコストパフォーマンスを追求した設計思想

　ここで当時の国鉄が置かれた背景を説明しておこう。前述のように1970年代前半から労使関係が複雑化して労働争議が多発し、75年にはその象徴といえる「スト権奪還スト」と称したストライキが8日間にわたって実行された。旅客局総務課長だった須田寛は、国鉄本社で缶詰めになってマスコミ対応などにあたっていたが、ストライキ4日目にようやく自宅に戻ることができた。その帰途で中央線四ツ谷駅に架かる橋を通ったとき、中央緩行線の下り出発信号に青い信号がぽつんと灯っていたという。

　「レールは錆びているが青信号が灯っているのです。あれほどわびしく線路が見えたことはなかったですね。あのとき国鉄は潰れるかもしれないと正直思いました。あの空しい青信号の灯は今でも忘れません」と当時を回想したが、このような国鉄を取り巻く周囲の社会情勢も含めた大きな流れは車両施策にも影響を与える。個々の車両開発では旅客サービスよりも乗務員室スペース拡大、検査修繕（検修）業務の省力化などが優先された。

　しかし82年3月に名古屋駅構内で発生した乗務員の飲酒による衝突事故を契機に、マスコミから「職場規律の荒廃」と批判されるようになった。世論の批判を受けて一部組合が当局に対して協力的姿勢をとるようになったこともあって、労使関係もようやく正常化に向かいはじめた。そして第2次臨調の答申を具体的に検討する国鉄再建監理委員会が翌83年に設置され、国鉄改革の動きが本格化するようになった。

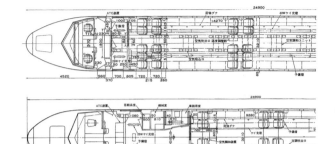

図2-2　0系2000番台平面図（鉄道ファン1982年1月号）／200系平面図

　個々の車両を見ると、82年度に飯田線に投入された新形式車の119系電車では一部機器に廃車発生品を流用したほか、運転室後部の仕切窓が復活したように、82年度以降に誕生した新形式車両には国鉄の厳しい財政事情と旅客サービスに配慮した施策が盛り込まれるようになった。一方、82年11月、84年2月ダイヤ改正では、広島都市圏をはじめ全国の地方中核都市圏のローカル列車で、短編成化して等時隔頻繁運転を行う輸送改善が実施された。必要になる車両は厳しい財政事情を考慮して新製せずに改造でまかなわれ、余剰となった特急電車を改造したローカル電車もお目見えしていた。このような潮流のなか、0系以来20年ぶりのモデルチェンジ車となる100系は、2階建て車両の導入はもちろんだが、旅客サービス向上、時代を先取りしたアコモデーション、コスト低減を主眼に置いて開発が進められることになった。

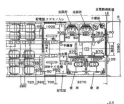

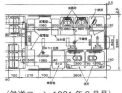

（鉄道ファン 1981 年 2 月号）

　100系は従来の 0 系ひかり編成と定員を一致させることが前提条件だった。シートピッチを拡大した 0 系 30 次車以降で組成されたひかり編成の定員 1285 人（普通車 1153 人、グリーン車 132 人）、とりわけ乗車率の高い普通車の定員確保は最大の条件だった。新形式車なので定員が変わってもいいのではという疑問も出るが、「万一 100 系が故障した場合は 0 系を代用することになりますが、指定券はすでに販売しています。定員が減ったら席がなくなってしまい、お客様に迷惑をおかけすることになります。そうならないよう定員を合わせることが一番のポイントと、われわれ設計サイドは考えました」と池田憲一郎は語った。

　1973 年に国鉄に入社した池田は、新幹線電車を保守する博多総合車両所などに在籍した技術者で、81 年に車両設計事務所新幹線グループに異動し、補佐の立場で 100 系全体の企画、車体・ぎ装設計などの取りまとめに携わった。100 系の設計に当たり池田は、「車体設備の設計に当たっては、個々の課題に個別に対処するのではなく、ブレないように優先順位を決めておくことが重要です。そこで 100 系では設計の優先順位は、お客様に関する要望を 1 番、2・3 番目がなくて 4 番目が乗務員、5 番目を検修係員としました」と語ったが、この発想の原

点は200系にあったという。図2-2は0系30次車と200系の博多・大宮寄り先頭車の平面図だが、シートピッチは同じ980mmでありながら0系の定員70人に対して200系は45人しかないことが分かる。豪雪地帯を走行する200系では主電動機が雪を吸い込まないよう、床上に雪切室を設ける必要があるのだが、これ以外にも乗務員室や配電盤に広いスペースが割かれ、25人分の定員が犠牲になっていた。労使関係が複雑化していた時代の国鉄を象徴する車両と一部識者は評したが、100系では床上スペースを旅客サービスに極力充当し、旅客サービスに使われない「デッドスペース」を可能な限り小さくしようと考えたのである。

2　シートピッチと定員確保の挑戦

†ミリの単位にこだわった普通車シート

　国鉄の車両設計者は、車両の使用条件やエンドユーザーである輸送サイド・営業サイドのニーズを把握し、地上設備との関連などに留意しながら車両構造をとりまとめ、仕様をメーカに要求するという総合的業務を司っている。またメーカは、鉄道事業者との設計会議を経て仕様を満足する図面を作成し、素材を加工・組立てて車体・台車・電気機器などの製品を製作する。国鉄の車両設計は、私鉄電車のようにメーカ1社で設計・製作することは少なく、車両設計事務所のリーダーシップのもとに関係メーカが一堂に会して共同で設計する方式で進めるのが一般的であった。100系の車体設計は、池田をリ

ーダとした車両設計事務所新幹線グループ（車体・ぎ装担当）、一般に車両メーカと呼ばれる車体製作メーカ5社との共同設計で進められた。

　建物の間取りを決めるには畳の大きさを決める。畳には様々なサイズがあるが、これに相当するのがシートピッチだと池田は建物にたとえて説明した。シートピッチが決まれば編成定員や便洗面所などの設備の配置、建物でいえば間取り図を固めていくが、100系の設計は、間取りを決める基本事項である普通車シートピッチの検討から着手した。

　0系と同じシートピッチで回転できるようにするため、観光バスのような補助シートを設けた3人掛シートも当初は検討された。これは83年から国鉄総裁に就任していた仁杉巌の発案といわれているが、設備的なハード面及び料金のソフト面双方で困難なことから幻に終わり、3人掛リクライニングシートで検討を進めることになった。3人掛シートを回転させるには1250mmのシートピッチが必要になるが、これではグリーン車の1160mmよりも広くなってしまうので、どこまで詰められるか池田は知恵を絞った。

　「0系リクライニングシートは、背面にテーブルの取付け座としても使われた後部カバーがありました。このカバーは足が当たるうえに、足元を十分に伸ばすこともできません。このカバーは70mm（7cm）あるので、これを廃止しようと考えました。国鉄車両のシートの伝統的な考え方にしたがい、0系ではリクライニングすると座面も上がる構造でしたが、そこまで必要ないだろう、自

動車のように背ずりが倒れるだけでいいではないかと考えました。そうすることでリンク機構が要らなくなるから、後部カバーを廃止できたのです」と池田は語った。100系設計当時、腰掛下部に出っ張りがなく足元が伸ばせるシートが使用された私鉄車両に試乗し、これは良いと思って後部カバー廃止を発想したと説明したが、これで70mmの短縮ができた。この後部カバーに取り付けていた背面テーブルに代わって、航空機や200系グリーン車で使用された折り畳み式の大形テーブルが採用された。

「従来のテーブルに比較して華奢に見えるので、破損するのではという意見もありました。200系を保守する仙台工場に確認したところ、ほとんど破損していないということだったので採用を決断しました。実際に営業運転した結果、破損はほとんどみられず問題なく使用できました」と池田は当時の経緯を語ったが、この大形背面テーブルは100系以降に誕生した新幹線電車はもとより在来線特急車両にも採用されたのである。

後部カバーの廃止で70mm縮められたが、まだ足りない。池田が次に着目したのはリクライニング角度だった。0系のリクライニング角度は17〜21°だったが、背ずりの立っていた方が回転半径は小さくなる。そこで100系では背ずり角度を6°に立てることを提案した。

「設計会議では、優等車両のシート角度は昔から17°に決まっているという意見が出ました。しかし本を読むときは背ずりの立っていた方が読みやすいし、リクライニングで角度は自由に変えられると私は説明し、リクライニング角度を6〜31°としたのです」と池田は経緯を

語った。筆者が100系に初めて
乗車したとき、普通車の背もた
れが立っているなぁというのが
第一印象だったが、足元が広く
なったうえにリクライニング角
度が深くなったので掛け心地は
よく、1・2等車の時代でいえ
ば「1.5等車」並みの高級感が
あったことを憶えている。

　リクライニングしなかった時
代の特急車両のシート背もたれ
角度は、人間工学的に掛け心地
の良い17°程度に設定されてい
たが、その伝統に固執する必要
はないという割り切りだった。
リクライニング角度の31°は、
シートに座った旅客が出入りす
る寸法（背ずりと後部シート先端と
の水平方向寸法）を、従来と同じ
180mmに合わせた結果だったと
池田は説明したが、フルリクラ
イニングしている旅客は少な
く、そこまで必要なかったと現
在は思っていると補足した。

　背ずり角度を変更すること
で、シートの前後方向の奥行き
を70mm短縮できた。このほか、

写真2-1　100系リクライニン
グシート（リニア・鉄道館）

ひじ掛け幅を5mm程度狭くしても違いは認識されないと考えてひじ掛け寸法を50mmから45mmに変更、ひじ掛け下部（袖部）を回転に支障しない形状に改良するなどの工夫を積み重ね、ついに1040mmのシートピッチで3人掛シートの回転が実現できた。しかし、回転できるようになったものの、まだ大きな問題が控えていた。シートを回転するには、一つ一つの背もたれを元に戻す必要があるが、時間がかかってしまう。東京などのターミナル駅で折返しの清掃に時間がかかると、ダイヤにまで影響してしまうのではと池田は心配した。

「そこで、通路側のペダルを踏めば三つの背もたれが一斉に直立するシステムの提案をシートメーカにお願いしたところ、技術的には簡単ですぐに実現してくれました。このような発想は、列車の運行を司る国鉄部内の設計事務所だからこそ可能だったのだろうと思っています」と当時の経緯を語る池田の言葉からは、事業者の立場で使い勝手まで熟考する技術屋の思いが伝わってきた。

†シートピッチと定員を両立させた車体設備

こうして普通車シートの回転半径を小さくすることができたが、0系ひかり編成、とりわけ普通車の定員を一致させることが次の課題だった。ひかり編成の普通車は13両で構成されるが、シートピッチが60mm広がったため、1両当たり1列5人分のシートが配置できない、つまり1編成では5人×13両＝65人の定員が減ってしまうことになる。このスペースをどうやって生み出すか。

池田が最初に着目したのはビュフェだった。当時の0

系ひかり編成の売上げ構成比を調査したところ、①車内販売67％、②食堂31％、③ビュフェ2％で、ビュフェの売上げが極端に少ないことが分かった。さらに9号車に連結されていたビュフェは、汚水タンクが未取付けで水の使用が制限されるため、車内販売品の調製と車販基地として使用されているのが実情だった。そこで車内販売品の調製や車販準備機能を2階建て構造とする食堂車の1階部に移設し、ビュフェを廃止することで半室分のスペースを生み出した。これで7列分35人をカバーできたが、まだ6列30人を捻出しなければならなかった。当時の0系ひかり編成には車掌室以外に、乗務員の便乗や体調の悪くなった旅客が使用する乗務員室が複数設けられていた。多客期にはお客様が通路に立っておられる状況の中で便乗乗務員が個室でゆったり座っているというのは好ましくない。しかし、便乗する乗務員が使用するスペースは必要になるので、そのためのスペースを運転室後部に設けることになった。

　「車両を設計するときは航空機や自動車なども勉強します。運転台設計の参考とするため、航空機のコックピットに乗せてもらい羽田〜広島を往復する機会がありました。航空機も乗務員の添乗があるようで、そのため小さな添乗用ジャンプシートが操縦士席のすぐ後ろに設けられていて、そこに座らせてもらいました。これが印象に残っていたのですが、100系でも運転士席後部に便乗する乗務員用の長椅子タイプのシートを作ることにしたのです。制服を着た便乗乗務員が運転室に入っていっても違和感はありませんから」と池田は語った。便乗用シ

ートを設けることで乗務員室を廃止できたが、運転室スペースが広くなっては意味がないので、運転室のATC車上装置を小形化し、運転台下部に移設することなどでスペースを生み出して解決した。100系のATC装置はマイコン技術を導入して約3分の1まで小形化したが、これは架線や信号を統括する電気局と信号機メーカが一丸となって、小形で経済的な車上装置を開発した成果が活かされたのである。こうして0系の2・14・16号車に設けられていた乗務員室（業務用控室）を廃止することで、5列25人のスペースが捻出されたが、体調の悪くなった旅客などが利用する個室が編成中に2か所設けられた。

「お客様に利用いただけるスペースとして考えたのですが、このときは時間もなく、とりあえずという感じで「多目的室」とネーミングしました。しかしその後に誕生した在来線の特急車両にもこの名称が使われ、いつの間にか定着しましたが、いまでもハイセンスな名称がないかと考えています」と、多目的室の名付け親でもある池田は語った。この多目的室のスペースを工夫することで1列5人のスペースを捻出して、普通車の定員1153人が確保できた。

「様々な工夫を重ねて結果的に0系のシートピッチを60mm広げることで、お客様には必ずしも好評ではなかった固定の3人掛シートを回転できるようにしながら、0系ひかり編成と定員を合わせることができたときは、一種の達成感がありました」と池田は懐かしそうに語ったが、さらに一歩進んで床上のスペースをお客様のために

どう使うか考えた。最初に各車両の配電盤スペースを見直し、冷暖房など営業運転中に使用するサービス用配電盤以外は床下に移設した。さらに当時の特急車両では当たり前の設備だった冷水器も洗面所に移設（冷水器本体はデッドスペースの三面鏡裏に移設）した。こうして生み出したスペースは、旅客が使用するスペースに提供されたのである。

　「3人掛シートもそうですが、設計者は現状にとらわれず柔軟な発想で提案することが大事です。斬新なことを行おうとするときは消極的な意見が出ることもありますが、それに負けない強い意志をもたなければならないと思っています」と語る池田の言葉からは、どんな課題であってもブレークスルーするという技術屋の熱い思いが伝わってきた。

コラム3 　新幹線の車両限界、幻の新幹線コンテナ電車、そして2階建て車両前史

　鉄道車両が安全に走行できるよう、軌道上に空間の境界が定められ、線路に近接した建造物が超えてはならない限界として建築限界、車両が超えてはならない限界として車両限界が定められ、両者が接触しないよ

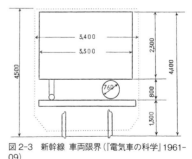

図2-3　新幹線 車両限界（『電気車の科学』1961-09）

うになっている。新幹線の車両限界・建築限界は、新幹線計画当初に構想された貨物輸送も考慮して定められた。

　貨物輸送は旅客列車と同様に電車方式とし、コンテナ輸送方式とセミトレーラ方式が検討された。フランスでの実績を参考にしたセミトレーラ方式は、図2-3のように底枠に車輪などを設けたコンテナを積み込み、支え腕で固定する方式である。このような箱積み輸送を考えると車両限界上端部を角ばらせた方が有利なことから、図2-3の点線で記された四角い形状の車両限界が定められた。この幅3400mmは戦前期の弾丸列車計画で定められた車両限界と同一なのだが、5tコンテナを横積みできるようにというのが決定要素の一つでもあった。

　日本最初のコンテナ専用貨物列車「たから」の運転開始から間もなかった時代、新幹線コンテナ電車は画期的といえる構想だったが、工事の進捗とともに、いつの間にか立ち消えとなり、ついに実現せずに終わった。新幹線コンテナ電車は幻の車両として鉄道愛好家の間で知られるが、余談はさておき、2階建て車両はこの寸法をいっぱいにとって構想されたのである。

　なお2階建て車両の構想は、新幹線開業から10年程度経過した当時が最初だった。輸送需要の伸長を背景に、定員増を目的として2階建て車両導入が議論され、2000人程度の編成定員が想定された。後年のJR東日本E1系などのオール2階建て新幹線電車の元祖的存在といえよう。その後、新幹線の長期的な輸送改

善のあり方を検討する「新幹線営業改善研究会」が1977年9月に設置され、78年9月に開催された第10回研究会で、車両設計事務所からデラックス編成案として2階建てラウンジ・食堂車の構想が提出された。2階建て車両が本格的にスタートするまでには、このような前史があったことを付記しておこう。

3　2階建ての食堂車とグリーン車

†ゼロからスタートした2階建て食堂車の構想

　100系がモデルチェンジ車と仮称されていた段階では、新鮮味のあるアコモデーションを目指して2階建てラウンジ車などが検討されていた。しかし新幹線はビジネス客を主体とした大量輸送機関であり、ラウンジ車や展望車はその性格にそぐわないこと、さらに1階部の使い方に工夫が必要なことなどの理由から、展望レストランとして提供できるメリットがある食堂車のみ2階建てとする計画で当初は進められた。100系は0系の置換えであり、地上設備は極力支障しないように編成が検討され、2階建て食堂車は汚水抜き取り位置を考えて0系と同じ8号車に組み入れられることになった。

　2階建て食堂車は、室内高さや階段・客室・機器配置などの3次元的構成のイメージ作りから基本設計がはじまった。車両重心を考えると車体高さは低い方が望ましいが居住性は悪くなる、諸外国では1階部の天井を2階部シート下部に食い込ませる構造の車両もみられたが、使用勝手を考慮して車両研究会で製作したモックアップ

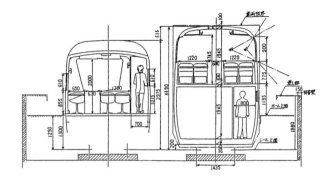

図 2-4　0系と100系の車体断面比較（『100系（モデルチェンジ車）の概要』）

と同様に2階床部をフラットにする方針とした。

「車体高さは車両限界いっぱいの4990mm、天井高さを1945mmとして圧迫感のない空間を確保しました。コンテナ輸送を想定した車両限界の賜で、そうでなければ難しかったと思います」と池田は語ったが、幻に終わった新幹線貨物輸送を考慮して定められた車両限界が2階建て車両で活かされた。2階建て車両は前後の台車間が2階化の対象になる。台車中心間距離は、曲線通過時の車体偏倚（出っ張り）などの問題を考慮して従来の0系と同様とし、この間の約11.5mが2階化された。増加する床面積は約47%となるが、この空間に上下連絡階段や通路を設けるので、旅客サービスに使用できる有効面積は約30%増となった（図2-4参照）。

　新幹線は風速20m/s以上で速度制限、30m/s以上で運転中止の処置をとっている。これは横風を受けて安定

写真2-2　100系食堂車室内（リニア・鉄道館）

性が低下するのを防止するためだが、2階建て車両は平屋構造の一般車両に比較して車体高さが約500mm高く、横風を受ける面積も大きくなる。このため横風に対する安全性を向上させるため、徹底的な低重心化と左右の重量をバランスさせる設計が行なわれた。まず低重心化のため、2階部の設備品や内装材の軽量化を図ったほか、空調装置にはセパレートタイプが採用された。鉄道車両の空調装置は、圧縮機・凝縮器などを一体化したユニットクーラを屋根上に搭載する方式が一般的だが、2階建て食堂車では低重心化のため室外機は屋根上に、室内機は機器室に配置するセパレートタイプが採用された。次に左右バランスだが、旅客が通り抜ける側通路は0系食堂車などを踏襲して山側に配置されたため、軽くなる山側に重量機器を極力配置したほか、1階部に厚い部材を配置することで重量バランスの適正化が図られた。

写真2-3　食堂車に設けられた料理品運搬リフトとモニタカメラ（リニア・鉄道館）

　168形式が付与された食堂車は、折込図5・6に示すように2階部に食堂と供食準備スペース、1階部に厨房、売店カウンター、車販準備室、そして厨房から食堂に料理品を運搬するリフト2基が設置された。0系食堂車は写真1-3のように4人＋2人テーブル配置だったが、168形では4人＋4人テーブルに広げられ、定員も0系の42人から44人に増加しただけでなく、側通路が1階部に設けられたことで、0系食堂車では見ることのできなかった富士山も見晴らせるようになった。2階建て車両はゼロからの設計で技術的にも多くの課題があったが、168形では旅客局だけでなく食堂事業者も参加した設計会議が開催されることになった。

　「2階建て車両は初めての試みでした。使い勝手の良い車両を目指すには、食堂で営業する事業者の意見を設

計に反映することが必要と考え、設計会議に来てもらいました。すると2階建てに反対の様子です。よく聞いてみると調理師は食堂に入ってくるお客様を見れば、その雰囲気で何を注文するか、定食か飲み物だけとかが分かるが、2階建てではその様子が見えないので、段取りがうまくいかないとのことでした。食堂事業者にとって最大の関心事はお客様の回転数です。理由が分かれば簡単で、モニタを付けることで解決しました。設備を使う人達とも十分に話すことによって道が開かれた事例です」と池田は思い出を語った。過去の食堂車設計では、食堂事業者を統括する旅客局と会議を行うのが通例だったが、食堂事業者が設計会議に参加するのは初めての試みだった。こうして入口にテレビカメラ、厨房にモニタが設けられたのである。また0系食堂車では「高い」「不味い」といった意見が旅客から寄せられていたことから調製品の質的向上を図るため、温蔵庫や冷凍冷蔵庫が設置された。

　ところで旅客車の側窓は、一部の展望車や貴賓車などを除けば平面ガラスが一般に使用されていたが、池田は食堂部側窓に曲面ガラスを採用することにした。当時は観光バスの側窓に曲面ガラスが採用されはじめた時期だったが、100系は鉄道車両の側窓に曲面ガラスを採用した先駆けとなったのである。枚数も少なく製作するのは大変だったというが、曲面ガラスとすることで視覚的な広がりによって圧迫感が和らぎ、開放的で明るい室内が提供されたのである。

『ひかり』
(12M 4T)

Tc	M'	M	M'	M	M'	M	T	T	M'	M	M'	M'	M	M'	Tc
1	2	3	4	5	6	7	8	9	10	11	12	13	14	15	16

『こだま』
(10M 2T)

Tc	M'	M	M'	M	M'	M	M'	M	M'	M'	Tc
1	2	3	4	5	6	7	8	9	10	11	12

『ひかり』

	自由席							指定席				
号車	1	2	3	4	5	6	7	8	9	10	11	12
現行	70	95	95	105	95	105	85	(42)	38	105	64	68
100系	65	100	90	100	100	100	80	(44)	73	100	56	68

『こだま』　　　　（推定定員である）

	自由席							指定席				
号車	1	2	3	4	5	6	7	8	9	10	11	12
現行	70	95	95	105	38	105	95	68	95	95	95	75
100系	65	100	90	100	73	100	90	68	95	100	90	75

	ひかり		こだま	
	現行	100系	現行	100系
編成定員	1285人	1277人	1031人	1041人
普通車	1153人	1153人	963人	973人
自由席	460人	445人	603人	618人
指定席	693人	708人	360人	355人
グリーン車	132人	124人	68人	68人
オープン室	132人	120人	68人	68人
個室	0人	4人	0人	0人

計画重量　M車　62トン　T車　56トン　T' 車　60トン（定員乗車）

図2-5　東海道・山陽新幹線モデルチェンジ車（100系）の概要（第8回車両研究会）

†遅れてスタートした2階建てグリーン車の構想

　100系は前述のように食堂車のみ2階建てとする計画で当初は進められた。図2-5は84年2月に開催された第8回車両研究会に提出された100系の概要で、両先頭車と8・9号車の4両が付随車で構成されている。普通車の編成定員は池田をはじめとした車体設計チームの苦

（注）T車のブレーキは
ECB＋ディスク
ブレーキとする

13	14	15	16
95	95	95	75
90	100	90	75

労を語るように0系と同じ1153人と記され、食堂車の定員も2人増加した44人と記されている一方で、グリーン車は定員124人と記されている。つまりグリーン車は平屋構造の電動車である11・12号車に組み入れられ、11号車はオープンスペース52人＋個室4人で計画されていたことを意味している。しかし、その後国鉄本社内での議論が進むなかで、セールスポイントとして2階建てグリーン車を組み入れるべしとの意見が強くなり、中間2両の付随車を2階建てとすることになった。

　2階建てグリーン車の組み入れ位置だが、8号車の食堂車は動かせないので、これと隣り合う9号車か11号車ということになる。後者は0系ひかり編成グリーン車と同じ位置に組成できるメリットがあるが、編成構成上の問題があった。というのは2両1ユニットの電動車は、パンタグラフ検修設備、汚物抜き取りなどの地上設備を支障しないよう、0系に合わせて機器や設備を配置する必要がある。中間付随車を2両隣り合わせれば、電動車の6ユニット全てが東京寄り端部にパンタグラフ、博多寄り端部に便洗面所の配置で統一できるが、食堂車を挟んだ9・10号車に電動車ユニットを組み入れた場合は、他のユニットと異なる位置にパンタグラフや便洗面所を配置する必要があるので何かと好ましくない。さら

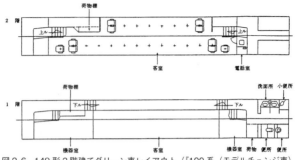

図2-6　149形2階建てグリーン車レイアウト（『100系（モデルチェンジ車）の概要』）

に2階建て車両が離れると平屋構造車の車販準備室を編成中に3か所設ける必要があるなどの問題も生ずる。このような理由から（0系ひかり編成グリーン車と連結位置は変更されるが）9号車を2階建てグリーン車とし、グリーン車のサービス集約の面から10号車に平屋構造のグリーン車が配置されることになった。

　0系ひかり編成のグリーン車連結位置が異なることになるが、グリーン車の通り抜けが煩わしいと苦情が寄せられており、2階建て車両とすることで静粛性のみならず眺望も良くなるので、2階建てグリーン車を試使用して需要動向をみることになった。149形式が付与された2階建てグリーン車は、図2-6に示すように2階部には定員42人の客室が、1階部は169形と同様山側に側通路が配置され、階段を上る2階部には大形荷物を持ち込みにくいことからデッキ部に荷物置場が設けられた。

　「2階部の床上面から窓下部までの高さは、168形と同じ775mmとしましたが、荷物棚スペースが設けられない

ので曲面ガラスは諦め、平屋構造グリーン車と同寸法の610mmとしました」と太田芳夫は語った。長野工場・松任工場で機関車修繕などを担当した太田は、83年に車両設計事務所新幹線グループに異動した当時は33歳の若手技術者で、池田の下で車体設計に携わった。新幹線をはじめとした特急車両のグリーン車側窓には、横引きカーテンとレースカーテンを併設するのが一般的だったが、2階部は幅が狭くなるのを避けるため、レースカーテンが省略された。ところで特急車両の側窓には、遮音性・断熱性に優れた複層ガラス（2枚以上のガラスとその間の乾燥空気層で構成したガラス）が一般的に使用されているが、ホームやレール面から近く走行中の飛石などが懸念された2階建て車両1階部の側窓にはポリカーボネートが採用された。

　100系では旅客の選択の幅が広げられるよう、サービスランクの異なる室内空間を用意し、プライバシーの確保やゆったりした旅行が楽しめる1人用2室と2人用1室の個室が平屋構造の10号車グリーン車に配置された。試験的な設備としたため、窓間隔などの割付は将来のオープン室化も可能なように配慮し、各個室のシートはレール方向に配置された。一方、2階建てグリーン車は導入の決定時期が比較的遅かったため、1階部の具体的使用方法の検討も遅れてスタートした。旅客局からは10号車に設けられたビジネスタイプ個室のほか、図2-7のような、

　Aタイプ：個人用として、ゆっくり寝て旅行できるシート（青函連絡船グリーン船室のイメージ）

○オープン室

●ゆったりと
眠れる座席(A)

●リクライニン
グ座席タイプ(B)

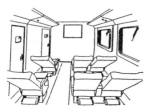
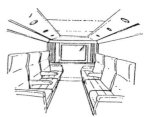

●ソファータイプ(C)

●お座敷タイプ(D)

図2-7　2階建てグリーン車1階部検討案（『国鉄線』1984-10）

　B・Cタイプ：グループ旅行用のリクライニングシー
ト・ソファータイプ個室

　Dタイプ：グループ旅行用のお座敷タイプ個室

　さらにはカーペットを敷き詰めた団体用大部屋などが
提案された。

　「1階部をどうするか、旅客局などの関係局と議論し
ましたが決定にはいたらず、製作が間に合わないことか
ら、営業運転での試使用で1階部をいろいろ模様替えし

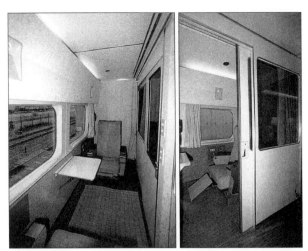

写真 2-4　量産先行車の 10 号車に設けられた 1 人個室／2 人個室（100 系量産先行車パンフレット）

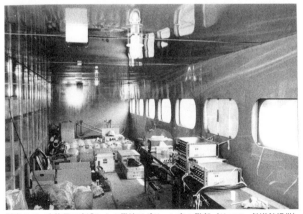

写真 2-5　未施行で完成した 2 階建てグリーン車 1 階部（リニア・鉄道館提供）

て旅客の意見を反映して決定することにして、1階部は未施行で製作することにしたのです」と、82年から工作局車両課に在籍して車両新製・改造計画を策定する車両計画を担当し、84年当時は30歳の若手技術者だった遠藤泰和は経緯を語った。誰にも邪魔されない空間の個室は、航空機の設備との差別化ができることから、当時普及しはじめたカプセルホテル関係者に聞き取りしたこともあったと補足した。

　旅客車の車体設備は、関係各局と合意して仕様を決めたうえで完成させるのが一般的だが、100系量産先行車は完成後に性能確認・速度向上試験などが予定されていたため、客室の一部とはいえ極めて異例の未施行（俗にいえば「がらんどう」状態）で完成させることになったのである。

第3章 100系新幹線電車の開発

1 現代感覚とスピード感を盛り込んだ先頭デザイン

†部外のデザイナーが参加した100系のデザイン

　車両のデザインには先頭形状のほか、外部塗色デザイン、内装デザインがある。これらの決定は車両のみならず国鉄のイメージを左右する重要な課題なので、部外のデザイン専門家で構成された「車両デザイン専門委員会」に意見を諮ることになった。この委員会の中心となっていたのは、国際デザイン交流協会事務局長の木村一男だった。

　1957年に大学の卒業研究で「将来の通勤電車のデザイン」を選んだのが木村と鉄道車両との出会いだった。国鉄車両設計事務所旅客車グループで長年旅客車設計に従事した星晃を訪問したところ、快く阪神電鉄を紹介してくれた。当時の阪神は輸送力増強のため加減速性能向上と乗降時間の短縮を研究しており、後者については乗降人員と出入口幅の関係を地道に調査していた。実験の結果、出入口幅が肩幅の整数倍でないと割り込む通勤客が出てきて効率が悪くなることが分かり、58年度に新製した通勤電車で1400mmの出入口幅が採用された。通勤電車は1300mmの出入口幅が一般的だが、阪神が1990年代まで1400mm幅を採用していたのは、この研究に裏打ちされていたのである。木村は阪神電鉄の研究資料などに基づいて通勤電車の出入口幅と配置、運転台機器配置のデザインを卒業制作にまとめた。卒業制作の展覧会

に星晃も見学にきたが、この卒業研究が縁で木村と星の交流がはじまった。国鉄に入りたいと星に相談したが、当時の国鉄にはデザインの専門部署がないので自動車会社に入社して自動車のデザインに携わった。国鉄との縁はここでいったん切れたが、インダストリアルデザイナー協会事務局長に就任していた79年に鉄道車両のデザインに携わる機会が訪れた。

「星さんは忘れないでいて下さったようで、国鉄のデザイン専門委員委嘱の依頼が車両設計事務所からありました」と木村は語ったが、当時の国鉄には総裁を囲んだ「車両・駅に関するご意見を伺う会」があり、その専門委員会である「車両デザイン専門委員会」双方の委員を委嘱された。この委員会のメンバーには、国鉄を退職して川崎重工業常務取締役にあった星もいて、二人は20年の時を超えて再会したのである。車両デザイン専門委員会が最初に携わったのは0系30次車の内装色の提言だったが、その後に工作局長から直々に依頼があった。

「東北・上越新幹線200系の内装は82年の営業運転開始後に評判が必ずしも良くなかったようで、モデルチェンジ車と呼んでいた東海道・山陽新幹線電車ではデザイン全般をご指導いただきたいと、当時の石井幸孝工作局長からオファーをいただきました。100系のデザインは石井局長が熱心に推進されていて、設計の最初からお手伝いさせていただくということで、みな張り切って取り組みました」と木村は経緯を語った。車両デザイン専門委員会のなかから剣持デザイン研究所長の松本哲夫、東海大学教授の手銭正道、木村一男の3人を中心に100系

のデザインを助言する「車両デザイン専門小委員会」が組織され、デザイン面は車両設計事務所新幹線グループ（車体担当）、車両メーカとの3者体制で進められることになった。

　デザイナー登用ルートの無かった当時の国鉄は、車両メーカ各社の工業デザイナー、いわゆるインハウスデザイナーで構成された「車両工業デザイン委員会」の活動を支援・推進していた。58年度に新製した寝台特急「あさかぜ」用20系固定編成客車の内装製作に当たり、部外の工業デザイナーを起用したことがあったが、後に保守面で問題となった教訓から、車両デザインはすべてインハウスデザイナーが担当していた。私鉄も特急車両の内装デザインを百貨店が担当するケースもあったが、基本的にはインハウスデザイナーが担当していた。その意味でも部外の工業デザイナーが本格的に参加し、車両設計事務所・車両メーカの3者で設計を進める体制は前例がなかった。最初は変な人が来るのではないかとおそれられていたが、仕事を進めるうちにそういう人ではないことが分かってもらえたようだという木村の回想は、部外の工業デザイナーが本格的に車両設計に参加する先駆けらしいエピソードでもあった。

† 1982年度からはじまった先頭形状の検討

　100系の先頭形状は新幹線電車の顔として世界的に知れわたっている0系のイメージを踏襲しながら、TGVなどの高速列車と異なる形状をアピールする必要があると考えられた。デザインの検討は82年度からはじま

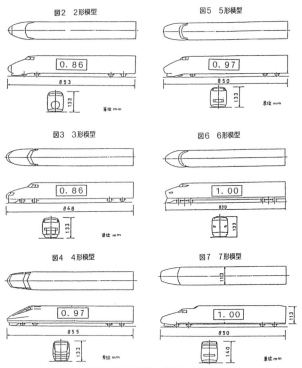

図2　2形模型

0.86

853

133

単位 mm

図5　5形模型

0.97

850

133

単位 mm

図3　3形模型

0.86

848

133

単位 mm

図6　6形模型

1.00

830

133

図4　4形模型

0.97

855

133

単位 mm

図7　7形模型

1.00

850

140

113

単位 mm

図3-1　30分の1木製模型風洞実験結果（『車両の話題』200号）

り、車両メーカから提出された合計約90枚のデザイン
パースのなかから6種類を選択して30分の1木製模型
を制作し、83年1月に鉄道技術研究所（現在の鉄道総合技
術研究所）で風洞実験を行ない空気抵抗係数が測定され
た。なお図3-1に記された数値は空気抵抗係数（Cd値）
で、例えば2形模型は0系比で0.86であることを表し

ている。この木製模型はデザイン上からも比較検討されたが、最終案の決定にいたらなかったことから、車両設計事務所は車両メーカに新たな案の提出を要請した。

近畿車輌デザイン室（近車デザイン室）は、最初の案では先頭展望の2階建て車両を提案するよう車両設計事務所から要請された。近畿車輌は、100系が誕生するまで2階建て車両の代名詞だった近鉄ビスタカーやオール2階建て構造の修学旅行専用電車の製作実績があるためだったが、1階部運転台窓と2階部前面窓は別々にするようにと指示があり、河岸段丘のデザインを提案し木製模型（図3-1の7形模型）も制作した。鉄道技術研究所の風洞実験結果報告には、近畿車輌案は寝台列車の個室ひかりを想定した模型だったと記されているが、翌83年に新たな案の提出が要請されたとき、車両デザイン小委員会の勧めもあり、近車デザイン室は通常の平屋構造で検討を進めることにした。しかし0系イメージの発展形、スラントノーズ形など実現可能なデザイン案はすでに提

写真 3-1　6種類が製作された30分の1木製模型。左から順に1形（現行0系）、2形……7形の順に並べられている（リニア・鉄道館提供）

案されていたので、近車デザイン室は「新幹線としてシンボライズした0系イメージを継承しつつも、時代性を盛り込み洗練された先頭形状デザイン」をコンセプトに形状をイメージした。もう一つ、すでに制作された木製模型で気になることがあった。

「車両研究会が制作したパンフレットに描かれたモデルチェンジ車のパースは、ボンネットの上端が前にせり出して空気の層をかき分ける外航船のようなイメージで、新幹線開業前に東海道で活躍したこだま形電車をスタイリッシュにしたような魅力ある形状でした。しかし木製模型の写真を見たとき、ボンネット部の長さが不足しているのか、波をかき分ける爽快感が感じられなかったのです」と、近車デザイン室メンバーの一人だった羽田憲一は当時を回想したが、これはボンネットの絞り込みのはじまる位置が短すぎるためと考えられた。そこで近車デザイン室は、ボンネットのはじまる位置を後方にずらすことをキーポイントにして検討を進めた。

図3-2は車体の土台となる台枠を示した概要だが、0系では台車の動きを支障しないよう、前端部までは台枠を絞り込まずに構成されている。この制約のためボンネット下部の絞り込みは上面に比べて短くなってしまうのだが、近車デザイン室では台枠を後方から絞り込みつつスカート側面にタイヤハウス（トラックハウス）と称する台車の収まる空間を設けることで、ボンネット下部の絞り込みのはじまる位置を後方まで伸ばしたのである。

こうして制作した木製模型を車両設計事務所に提出したのは83年6月だったが、第2回目の3案を追加した

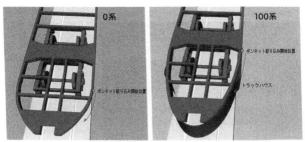

図3-2　タイヤハウス概要（近畿車輌提供）

木製模型が同年12月の車両デザイン専門委員会で検討された。0系のスタイルは丸みをもった砲弾形であるが、このスタイルを基本にするとともに最近のデザインの動向等を現代風にアレンジすることとして「空気力学と工作性からみて素直な形状」を考慮し、車体側面の平面部分から連続的に先頭部分につながる形状の検討が進められた。車両デザイン専門委員会の意見を基に、図3-3に示す①SHINKANSENのイメージを踏襲する形（Aタイプ）、②フランス新幹線に似ていない形（Bタイプ）、③現用車両と違った斬新な形（Cタイプ）、の3案が選ばれた。Aタイプが近車デザイン室案で、図中に記された Cd 値は図3-1と同様に0系比を表している。

　この3案の10分の1木製模型を制作し、84年3月に川崎重工業に持ち込んで風洞実験が行なわれた。1978年に川崎重工業に入社し、一貫して新幹線電車などの車両設計に携わり、100系の車体設計担当として共同設計に参加していた小河原誠も立ち会った。

　「100系の風洞試験は、私の所属している兵庫工場で

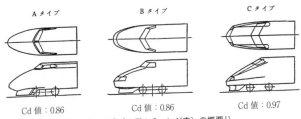

図3-3 先頭形状案（『100系（モデルチェンジ車）の概要』）

はなく、明石大橋用に作った風洞のある明石工場で行な
いました。われわれもよく分からないまま気流糸法とか
オイルフロー法とかを試して、オイルの粘度などを試行
錯誤しながら実験しました。結果を評価できないので、
当社の航空機部門に教えてもらった記憶があります」
と、当時の経緯を語った。

† 0系をブラッシュアップした先頭形状と外部色

　風洞実験と並行してファイナルの3案は車両デザイン
専門委員会に諮られ、松本・手銭・木村の車両デザイン
小委員会も国鉄本社内に並べられた木製模型のデザイン
の評価を行った。
　「新幹線としては2代目の車両だからイメージを大き
く変えるのではなく、0系のイメージを残しながらブラ
ッシュアップしたカタチがいいのではということで、車
両デザイン小委員会ではAタイプを推薦しました。3
人とも旧知の仲だから、0系のイメージを継承した形状
にしようというコンセンサスがあったので、われわれの
間ではAタイプがいいということになりました」と、

木村は経緯を語った。委員会の意見を集約して役員会に諮り、「現在の新幹線の形状を踏襲しつつ、現代感覚と一層のスピード感を盛り込み、かつ空気抵抗の小さいＡタイプ」の採用が84年7月12日の理事会で決定された。近畿車輛案に決まったと連絡があったとき、近車デザイン室は文字通り青天の霹靂（へきれき）だったという。

　ところで、近車デザイン室が魅力ある形状と評したモデルチェンジ車パンフレットのパース（写真1-5参照）を描いたのは、日立製作所デザイン研究所の勝見洋介だった。1959年に日立製作所に入社した勝見は、西武の初代レッドアローなどのデザインに携わり、モデルチェンジ車の先頭デザインも担当した。

　「私の描いた案の欠点は「先頭部が浮き上がってしまうこと」と車両設計事務所から言われました。決定案のように先頭部が軌道に近く、風を押さえつけるような格好の方がいいということでした」と勝見は当時の経緯を語った。なおモデルチェンジ車のパンフレットに勝見の描いたパースが採用されたことは知らなかったという。複数のカラーリング案を提出したが、クリームと赤のカラーリングはそのなかの一つだったと補足した。

　こうして決定した100系の先頭形状を、車両デザイン小委員会の手銭正道は「日本刀のような張りのある線」と表現した。自動車の工業デザイナーを経て東海大学教授にあった手銭は、木村とともに車両デザイン委員会の委員を委嘱され、100系のデザインに携わることになった。終戦後間もない少年時代に疎開先の近所だった国鉄後藤工場（現在のJR西日本後藤総合車両所）で目にしたカ

強い蒸気機関車に憧れをいだいた原体験をもつ手銭は、あの日のように人々が楽しめる世界一の新幹線電車をデザインすると意気込んでいた。

先頭形状が車両の顔ならボンネットの両側に設けられたヘッドライトは目玉に相当する。片側2個の電球（シールドビーム）で構成されるヘッドライトは、後部の場合には赤色フィルターを前面に出してテールライトとして使用する。このヘッドライトは電球を縦置きにして三角形状にする案もあったが、横長スタイルに決定された。視覚的効果を考えた手銭の提案だったが、0系の「かわいい」目玉に対して100系は「シャープな目玉」となったのである。

外部色については、①0系を踏襲する、②0系のイメージを踏襲するとともに新鮮味を付加してモデルチェンジ車をアピールする、③0系とは全く異なるイメージとする、の3パターンが考えられた。これに基づいてラフスケッチを作成して車両デザイン専門委員会に諮り、意見を集約した結果、0系のイメージであるホワイト系の下地にブルー系の帯を基調とし、これにアクセントをつけることになった。具体的には①他の色のラインまたはポイントによるアクセントをつける、②2階建て車両の塗分けは前後車両の帯にこだわらず検討する、などの意見があり、これを受けてイメージ図を数種類作成して車両デザイン小委員会に諮られた。

「外部色はメリハリをつけた方がいいので下地のホワイトは明るい色を、ブルーの帯も0系からイメージを変えた方がいいので子持ちのラインを提案しました」と木

村は経緯を語った。太い線に細い線が平行してついている罫線を子持ち罫線というが、こうして100系外部色下地は0系に用いられたアイボリーホワイトに対して明るく近代的感覚のパールホワイト、帯は0系と同じブルーを基調とし、子持ちのラインにはブルーと赤のファイナル2案が作成された。一方、2階建て車両はブルーのラインを2階部に上げる案などが検討されたが、編成としての一貫性をもたせるため平屋構造の一般車両と同じ高さとし、側面積が広いので変化をつけるためワンポイントのマークを入れることになり、ホワイトとブルーの帯との対比から赤色とした「New Shinkansen」を表すNSマーク案を手鍬が作成した。これらの案が84年10月16日の常務会に諮られ、外部色はパールホワイトにブルーの帯・子持ちのラインとすること、2階建て車両のワンポイントマークは赤色に塗られた車両デザイン小委員会の案とすることが決定された。

2　コスト低減を追求した主回路と車体

†サイリスタ位相制御と渦電流ブレーキ

　100系開発がスタートした当時の新幹線電車をはじめとする交流電車の主回路システムは、図3-4のようなタップ切換え制御とサイリスタ位相制御があり、前者は0系、後者は200系に採用されていた。このほか交流の主電動機を駆動するVVVFインバータ制御が当時は実用化されつつあったが、要素技術開発に時間がかかることから、図1-3（32頁）に記されたように92年度のスーパ

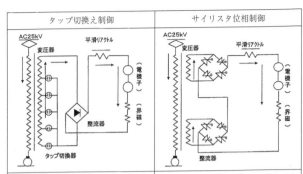

タップ切換え制御	サイリスタ位相制御
AC25kV 変圧器　　　平滑リアクトル （電機子） （界磁） 整流器 タップ切換器	AC25kV 変圧器　　　平滑リアクトル （電機子） （界磁） 整流器
主変圧器のタップを切り換えて電圧を制御し、主整流器を介して主電動機を駆動する	主変圧器で降圧した後、サイリスタを用いた主整流装置で整流と電圧制御を行ない、主電動機を駆動する方式

図 3-4　タップ切換え制御とサイリスタ位相制御（図出典：『高速鉄道物語』）

ーひかり（300系）導入まで開発期間をもたせることとし、実績のあるサイリスタ位相制御が採用された。

　重量・コストを極力抑制するため、主回路を構成する機器の容量が再検討された。主回路機器の容量は最も厳しい使用条件によって決定されるが、100系の場合は加減速の頻度が高い「こだま」運用（10M2T12両編成）の条件で走行シミュレーションを行ない、主回路機器の容量が設定された。付随車の導入により編成中の電動車比率が低下すること、速度向上にも対応する必要があることから、0系と比較して各電気機器の容量は増加するため、軽量化は必須の課題であった。主整流装置は4000Vの高電圧素子を採用してブリッジ数及び素子数を削減したほか、主電動機は定格回転数を上げて小形軽量化が図られた。

このほか温度上昇などにかかわる考え方も変更された。例えば主電動機は2両1ユニットを開放（ユニットカット）すると健全なユニットに負荷がかかるが、0系ではユニットカット時も主電動機の温度上昇限度を超えない範囲の容量が設定されていた。温度上昇限度を超えると主電動機の寿命が短くなるが、100系では容量設定の健全時を基本に置き、ユニットカット時には温度上昇限度超過を許容することにした。寿命は短くなるが、新幹線総局の記録を調査したところ、ユニットカット発生率は0.18%で、シミュレーションの結果寿命は約7日間短くなることが確かめられた。この

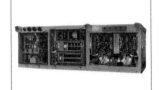

写真3-2 上から主電動機、主整流装置、主変圧器（100系量産先行車パンフレット）

程度の寿命の食いつぶしは実用上問題ないという割り切りで設計上の余裕を切り詰めてコスト低減が図られた。

　100系では付随車のブレーキが課題だった。車両のブレーキ方式は電気ブレーキと機械ブレーキに大別され、

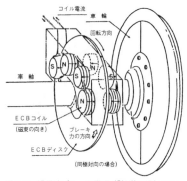

図3-5 渦電流ブレーキ原理（『鉄道工場』1985-03）

後者は空気を動力源として摩擦力でブレーキをかける空気ブレーキが多く用いられる。日本の在来線電車やTGV付随車では、車輪と一緒に回転する円盤に摩擦材を押し付けるディスクブレーキが用いられているが、100系開発時点ではディスクブレーキの耐久性に信頼が置けなかったことなどの理由から、電気ブレーキの一種であり74年度に製作した新幹線の軌道試験車（921-11号車）で実績のあるディスク形渦電流ブレーキ（ECB：Eddy-Current Brake）が採用されることになった。

この方式は図3-5のように、車軸にはめ込んだ回転するECBディスクにコイルを対向させ、隣接する電動車の発電ブレーキ電流をコイルに流すことでディスク中に渦電流を発生させ、磁界との作用によりブレーキ力を得る電気ブレーキである。軌道試験車ではECBディスクの熱的限界に余裕をもたせるため30％を機械ブレーキが負担していたが、100系では低速域まで渦電流ブレーキで負担する前提で設計が進められた。まず必要なブレーキ力が得られるか、コイルをN極・S極を同極で対向する方式（図3-5の方式）と異極で対向する方式が比較

された。

「100系のECB開発は東芝から積極的な提案をいただいて、同極対向と異極対向の比較試験を実施しました。その結果、低速域までブレーキ力が確保できる同極対向方式を採用することにしたのです」と、80年から車両設計事務所新幹線グループに在籍して100系の電気機器設計を担当し、84年当時は31歳の若手技術者だった八野英美は経緯を語った。もう一つ、ECBディスクに発生するブレーキは熱エネルギーに変換され発熱するが、熱伝導により上昇する車軸温度を一定値以下に抑える必要があった。2種類のディスクを使用してブレーキ動作を繰り返し、温度上昇面で問題ないことが確かめられた。肝心なブレーキ力は、230〜70 km/hまではECBが100%負担、30 km/hまではECBと隣接する電動車の発電ブレーキ双方で100%負担し、低速域まで電気ブレーキの作用が実現できた（30 km/h以下は機械式ディスクブレーキが作用する）。

ところで82年11月に開催された第7回車両研究会で100系の構想が説明されたが、島秀雄委員から「付随車は反対である」との強い意見が出された。新幹線の生みの親として知られ、電気ブレーキを最大限に活用できる全電動車（全軸駆動）方式をかねてから提唱していた島秀雄にとって賛同できなかったことが読み取れるが、当時を知る関係者の証言を総合すると、付随車に電気ブレーキ（渦電流ブレーキ）を使用することを島に説明し、最終的には付随車導入の了解をとったと伝えられている。

✝工夫を重ねた車体構造と騒音対策

　100系の車体構造は、池田をリーダとした車両設計事務所新幹線グループ（車体担当）、車両メーカ5社との共同設計で進められた。車体も軽量化とコスト低減のため部品板厚の薄肉化などが実施されたが、最も特徴的なのが屋根構造の変更だった。0系の屋根構造は垂木と称する横手方向（まくらぎ方向）の横断材、縦けたと称する長手方向（レール方向）の縦通材を井桁に組んだ上面に外板を張り付けていたが、100系では垂木の上面に波形のステンレス鋼板を張り付けることで縦通材が省略された。このアイデアは日立製作所笠戸工場で1971年から新幹線電車の車両設計に一貫して携わり、100系のぎ装担当として共同設計に参加していた45歳のベテラン服部守成の発案だった。

　「車両設計事務所の池田さんは設計会議のつど、コスト低減にいいアイデアがあれば提案してほしいと仰っていました。0系の井桁に組んだ屋根構造では縦通材が垂木ごとに切れて部品点数も多いので、屋根板をコルゲート板にすれば強度部材になるから縦通材が省略でき、軽量化とコスト低減ができると考え、このアイデアを提案したところ採用されたのです」と服部は経緯を語ったが、当時の笠戸工場が開発していた通勤電車用ステンレス車体で試用されたビードと称する波形プレス加工技術にヒントを得たものだったと補足した（図3-6参照）。

　ところで100系も0系と同様に、先頭部にはノーズコーンと称する覆いが設けられた。円形の面で構成された0系と異なり、スピード感ある形状の100系はノーズコ

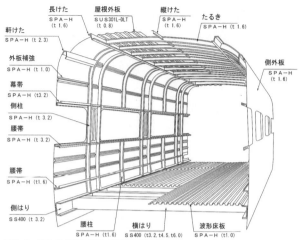

図 3-6　100 系の車体構造（服部守成提供）

ーンと車体との間が楕円形の複雑な形状になるため、合わせ目が平滑になるよう治具が作られた。

「ノーズコーンと車体との切り口形状の治具を作りました。この治具を車両メーカ各社とノーズコーンの製作を担当する日立化成に渡して、同じ形状でお互いに作ってノーズコーンと車体の間に段差を作らず、きれいに流れるように製作したのです」と服部は経緯を語った。

　100 系では 1 編成に 8 か所設けられた便洗面所スペースも見直しが図られ、洗面所スペースを比較検討するため、東急車輛製造（現在の総合車両製作所）で洗面所幅を変更できるモックアップが 84 年 2 月に製作された。使用時に肘が当たったりしないかなどの使用勝手を検討した結果、洗面所幅は 815mm に決定された。折込図⑦は

100系の博多寄り先頭車の平面図だが、図2-2の0系と比較すると前述の配電盤スペースのほか、洗面所スペースなどが変更され、後位側（運転室と反対側）の出入口から車端までの寸法が3085mmと0系に比較して約200mm詰められていることが分かる。この数値は車両設計事務所・メーカ技術陣の工夫の積み重ねの成果で、客室スペース

写真 3-3　東急車輛製造が製作した洗面所モックアップを検証する池田憲一郎

拡大に割り振られたのである。

　100系では騒音対策も重要な課題で、パンタグラフについては、①離線に伴うスパーク音を防止するため、集電性能の向上が図られたこと、②電動車が6ユニットとなり、編成中のパンタグラフの8個を6個に削減して空力音低減が図られたこと、などが改良された。また後述するき電方式（電車に電力を供給する回路）の改良を待って、編成中パングラフ数のさらなる削減ができるように準備工事が施された。

　車体の空力音低減のため、先頭部はCd値の小さい形

状を選定し、運転室窓も平滑化された。また床下機器のすき間からの空力音低減と着雪防止対策を考慮して、板で覆う構造が検討された。①床下全体に覆いを設ける方式、②床下機器外箱と一体化した覆いを設ける方式、

写真3-4 床下ふさぎ板（100系量産先行車パンフレット）

などが検討され、重量・コスト、機器の放熱などを比較した結果、床下機器間にふさぎ板を設ける方式が採用された。

「機器の高さと横手方向の寸法をそろえて機器間にふさぎ板を取り付けました。ふさぎ板は1枚モノで、ベコベコしないよう、プレスでビードを出したのです」と服部は経緯を語ったが、ビードのコーナ部に応力が集中し、営業運転開始後に切れる事象が発生したため、後に板厚やビード形状を変更したと補足した。

3　完成に近づく量産先行車

†落ち着いてくつろげる空間を目指したインテリア

ここで内装のカラーリングに話題を移したい。2階建て食堂車の内装デザインは、松本哲夫、手銭正道、木村一男をメンバーとする車両デザイン小委員会の指導のも

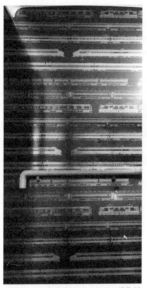

と近畿車輌デザイン室が担当した。0系食堂車をはじめとした国鉄の電車食堂車は近畿車輌が基本設計を担当した実績があるためだったが、まず食堂の顔となる入口と食堂部壁面のパネルが検討された。

「このパネルに当初は蒸気機関車の構造図を提案しましたが、車両に変化のあったほうが良いだろうということで、歴代車両のイラストに決まりました」と木村は当時の経緯を語った。イラストは過去に多くの車両イラストを手掛けた工業

写真3-5 食堂車のエッチング化粧板（リニア・鉄道館）

デザイナーの黒岩保美が制作し、趣のある銅板エッチング風の化粧板に東海道線を駆け抜けた歴代の列車が描かれた。

食堂車の内装は手銭が主に担当し、エッチング化粧板の銅色が決まったのでこれをキーカラーとして、内装のカラープランが進められた。製作工程が詰まっており、早急にカラー及びマテリアルプランをまとめる必要があったことから、近車デザイン室担当者が材料サンプルなどを手銭の自宅まで持ち込み、深夜まで検討を行ない、内装カラープランを選定した。2階食堂部の床材は、飲

写真 3-6　近畿車輌が製作した食堂車モックアップ（近畿車輌提供）

食物を扱うため汚れが問題になるが、部分張替えが可能なタイルカーペットが採用された。色替えやカッティングによるパターン展開ができるので、車体側面の NS マークをアレンジした模様が採用され、パターンデザインは手銭の指導のもと、カーペットメーカで仕上りを確認したうえで現車に施工された。

　シート柄をはじめとした 100 系のインテリアは、車両デザイン小委員会の指導を仰いで検討が進められ、落ち着いてくつろげる、自然でやわらかい雰囲気を作れるようデザイン面で配慮された。旅客に快適な空間を提供するため、パステル調のおだやかな色調を基本とするなど多くの施策が盛り込まれたが、その筆頭にあげられるのは内装のビスをなくすことだった。

　「石井局長から 100 系の構想が示されたとき、最初に

お話したのは「ビスの頭をなくしましょう」でした。石井局長にもご賛同いただき、ここから入っていきました。最後に残ったのが窓枠の下部で、ここだけはしょうがないからグロメットを被せることにしました」と木村は当時の経緯を語った。現在でこそ内装にビスの頭はほとんどみられないが、当時の鉄道車両は内装にビスが用いられるのは当たり前で、ビスの見えない内装は100系が契機となったのである。木村の提案を受けて車体設計をとりまとめた池田はビスだけでなく押さえ面（天井板・内張板などの継目を隠すための帯状材）の金属もなくそうと考えた。

「従来の鉄道車両に対し、私は普段の居住空間と異なる違和感のようなものをもっていました。なぜなのか考えたところビスなどの金属が多く、それが目に付くからだと分かったのです。故障したときに解体して素早く修理できるようにするためですが、居住空間ではねじなどが目に付くところはありません。そこで100系では金属やビスを退治して普通の居住空間にしようと考えました」と経緯を語った。しかし普通の居住空間というイメージを設計会議で伝えても手ごたえのある提案は返ってこない。前例のないことだからやむを得ない面もあったが、池田が思案するなかで目に付いたのがテーブルの角のプラスチックの押さえだった。これを応用して金属の押さえ面をプラスチックで隠す仕組みを考案した。これで金属面を隠すことができたが、全ての金属を見えなくすることはできないので、次善の策ではないがどうすれば心地よく見えるか池田は考えた。

「ビジネスマンや経営者層を対象にした「プレジデント」誌に使われている色を調べたら、金色が多いことが分かりました。やはり心地よい色なのでしょう、そこでアルマイト加工表面の白銀色をレモンがかった上品な色に変更したのです」と池田は語った。この色を「レモンゴールド」と池田はネーミングしたが、金属色のない高級感ある内装が実現できた。客室だけでなくデッキや貫通路も配慮された。デッキには配電盤などが設けられるため化粧板も地味な色が採用されていたが、明るいクリーム色を基調に変更された。０系では段差があった貫通路もフラットにして歩きやすくしたほか、見映えが良いとはいえなかったほろも改良された。

　「連結部を平滑にしようと考え、ほろメーカの成田製作所と検討を重ねました。外国の車両で室内側のほろを平滑にした事例があったのでこれを参考にして、見映えだけでなく防音・防水性、機密性もよく、なおかつ低コストなほろを開発しました」と太田は当時の経緯を語ったが、車両間で相互に相対移動するので、開発に苦労した様子が伝わってきた。

　こうして普通車の内装色はベージュを基調とし、シート表地は１両おきにベージュとブラウン系、ベージュとブルー系の市松模様の色調とした。客室との仕切扉は１両おきに青と黄色とし、旅客が自席に戻ってくるとき分かりやすいようにという木村の提案を受けて窓部には号車番号が大きく標示された。またグリーン車もベージュを基調とし、シート表地はオープン室をベージュ系、２階部をグリーン系とした。ところでカーテンの柄は斜線

の柄が採用されたが、これは列車ダイヤを模したものだと池田は説明した。

†情報サービスの向上と試作モックアップのお披露目

　旅客サービス向上はアコモデーション改良だけでなく情報サービスも重要である。まず列車内に設置された公衆電話は、0系では編成中に2台しか設置されていなかったのに対し、100系では個室だけでなく1両おきに設置できるよう改良された（ただし後述する東海道の列車無線設備更新が必要なことから、当初は7・9号車と個室に設置）。次に0系では車掌の案内放送に頼っていた列車内での案内用として旅客情報案内装置を設置し、車内の静粛性を確

写真3-7　浜松工場が84年度に製作した検討用モックアップ（リニア・鉄道館提供）

保すると同時に聞き漏らしたときに再確認できる視覚情報を提供できるようにした。すでに旅客案内表示装置が使用されていた TGV を意識していたことは間違いないと、当時を知る関係者は語ったが、列車名・行先・停車駅、次停車駅などが提供された。またそれまでの車内案内表示はステッカーの形状も含めてまちまちだったが、木村の指導のもと思想を統一したピクトグラムが導入された。

　「ピクトグラムは絵、説明文字、矢印の組み合わせになりますが、これを旅客局に説明したところ、まだ一般的ではないと消極的な意見も出ました。何とか説得して採用することができましたが、くずかごにごみを捨てるピクトグラムは「汚い」といわれ、最後まで採用できませんでした」と太田は黎明期らしい当時の経緯を語った。

　100系の内装や腰掛など設備を検討するため、浜松工場でモックアップが製作されることになった。本社から製作指示の出たのが84年6月。8月に開催される車両デザイン専門委員会に間に合わせるため、普通車Aタイプとなプ、グリーン車個室、オープン室、2階部の4区画を突貫工事で製作して8月23日の車両デザイン専門委員会でお披露目することができた。検討の結果、号車・便所使用中などを表示する各種案内表示ユニットのデザインや仕切窓の号車番号の書体などが量産先行車では変更されることになった。このモックアップは新幹線開業20周年記念行事の一環として、9月から11月までは名古屋城博覧会における鉄道展で、10月には東京・静岡・浜松・新大阪の各駅で展示された。会場は

写真3-8　車両デザイン専門委員会がNSマークを検討しているところ（近畿車輌提供）

　盛況で来場者の評判も良く、モデルチェンジ車への期待が高まっていった。そして年が明けた85年2月、近畿車輌で車両デザイン専門委員会が開催され、製作中の2階建て食堂車でNSマークが検討された。その結果、海側はブルーの帯と同じ高さ、山側はブルーの帯より上下を出す塗分けが決定されたのである。

　浜松工場のモックアップが完成した84年8月、国鉄再建監理委員会は国鉄の経営形態について分割・民営化の方向を念頭において今後検討を進めるとの第2次緊急提言をまとめた。このような国鉄改革の動きが本格化する背景のもと、背水の陣で100系の設計は進められた。

　「いままで当たり前だった無機質な金属の押さえ面は「お客様第一ではない」と池田さんが仰ったのですが、

写真 3-9　日立製作所笠戸工場の 100 系設計陣。前列左から 4 人目が服部守成
（服部守成提供）

われわれとしては先輩から連綿と受け継いだ方式を見直
す必要があることに気付きました。ユーザである車両設
計事務所はこうあるべきという必然性を決める責任があ
りますが、われわれメーカもビスを見せない良いデザイ
ンを、ユーザから要求される前に提案するくらいの可能
性を日頃から高めておく必要があると、100 系の設計を
機に考えるようになりました」と語る服部にとって 100
系は技術者人生のなかで意識革命となった車両だった。
それは若手技術者の小河原も同様だった。小河原が設計
を最初に担当した 200 系では客室内の排気口がシートの
足下に設けられていたが、100 系ではシートの見えない
ところに移設された。

　「清掃の容易さを優先してお客様の足下を寒くするな
ど主客転倒している。お客様第一の考えに変えないとい
けないと池田さんは語っておられました」と回想する
が、池田の熱意とこだわりに薫陶を受けたという。当時

の図面はまだ青焼きの時代で、設計会議に参加するとき
は人数分の青図を四つ折りにした風呂敷包みを手分けし
て持って急行「銀河」に乗車したという。そのような
「昭和の香り」の残る古き佳き時代でもあったが、車両
メーカ5社が分担して製作する100系量産先行車16両
も、NSマークの塗分けが決定した85年2月には完成
まで秒読みとなっていたのである。

第4章 100系量産先行車の営業運転開始

1 X0編成の営業運転開始まで

† X0編成専任チーム大井支所試験科の発足

　100系量産先行車１編成は、1985年３月に各車両メーカから出場する工程で製作が進められた。新製コストは１両平均約2.3億円で決算され、０系に比較して約10%増に抑えることができたほか、編成重量も925tと０系の972tに比較して約50tの軽量化が実現できた。ところで電車は検査修繕などの保守を行う基地が決められているが、100系量産先行車を保守する基地は東京第一運転所大井支所（現在のJR東海大井車両基地）と決まった。０系とは大きく構造が変わる100系の量産車が誕生したときの検修体制確立に備えて、量産先行車の試験及び検修業務を専任で行なう試験科が発足することになった。試験科の発足は85年２月のことだが、一足早く若手メンバーが集められた。1980年に国鉄に入社した28歳の千波聡もその一人だった。

　「84年５月と記憶していますが、当時の新幹線総局運転車両部車両第１課に若手が６人集められ、私も浜松工場から異動しました。試験科が発足するまでに教材や教育用資料を用意しておく必要がありますので、このチームで教

写真 4-1　試験科に在職当時の千波聡（本人提供）

育用資料作成などの地ならしをはじめたのです」と千波は当時を語ったが、当時は設計途上だったため、検修する立場として設計サイドから意見を求められたこともあったと補足した。

　鉄道車両は定期検査の施行が義務付けられ、当時の新幹線電車は①消耗品・摩耗部品取替え、ブレーキ装置などの状態を確認する仕業検査（48時間を標準）、②各機器の機能確認などを施行する交番検査（3万kmを上限）、③主電動機・台車などの検査の終わった台車と振り替える台車検査（30万kmを上限）、④電車全般を検査する全般検査（90万kmを上限）などが定められていた。全般検査は浜松工場で施行するが、仕業検査、交番検査（交検）、台車検査（台検）は運転所で施行するので、それぞれの検査標準と検査方法などを詰めることから着手したという。これと並行して車両設計事務所から提供された図面などから教育用資料を作成した。メンバーの多くはサイリスタ位相制御を保守した経験がなかったので、主回路システムを製作する電機メーカを訪問して設計担当から説明を受ける機会も設けられた。

　量産先行車16両の第1陣として川崎重工業が製作した博多寄り先頭車（123形）が3月1日に大井支所に搬入されることになったが、その直前に大井支所事務室の一角で発足した試験科は若手メンバー6人に加えて、東京から博多までの各現場から集められた運転士と検修スタッフの総勢28人で発足した。新たに異動してきたメンバーは、将来的に各々の現場に戻り、指導運転士などの核になる力量をもつベテランが集められたと千波は説

明した。

「量産先行車16両のうち横浜市の東急車輛製造が製作した10・11号車は貨車輸送されましたが、その他の車両は船で輸送されました。埠頭から大井支所への搬入は運送会社の担当ですが、搬入後に復元する設備とか復元の段取り確認とか受入れ側としてそういう対応をしました」と千波は語った。搬入された2階建て車両をはじめてみたとき、その大きさに驚くとともに、先頭車のスピード感あるシャープな形状に、いい車両だと感じたというが、順次搬入された各車両は試験科の手で動作確認などが行なわれて16両1編成が組みあがり、15日には「車両・駅に関するご意見を伺う会」にお披露目され、各委員から好評なご意見をいただくことができた。

　鉄道車両は1両ごとに形式番号が付与されるが、新幹線では列車の運転を管理するシステム（コムトラック）で編成を識別するための編成番号が使用されている。ひか

写真4-2　量産先行車（内田博行提供）

写真4-3　性能試験中の車内(リニア・鉄道館提供)

り編成は「H1・H2……」、こだま編成は「K1・K2……」などのようにアルファベット＋連番の体系で付与されていたが、「当時の0系ひかり編成はHのほか、76年度に増備された小窓車編成はNHとかNを使用していました。100系の編成番号は、新幹線開業以来のモデルチェンジ車であることからアルファベットは新たにXとし、2階建てグリーン車の1階部をがらんどうで搬入した量産先行車ということから「X0」としたように記憶しています」と遠藤泰和は当時の経緯を語った。ところで大井支所で編成が組み立てられた直後に撮影された写真には「X1」の編成番号が標記されていたが、その直後に「X0」に変更され、かくして「X0」が標記された100系量産先行車は85年3月27日に東京～三島間で公式試運転が実施された。当日は一部箇所で雨水侵入のハプニングに見舞われたものの公式試運転は無事に終了し、100系量産先行車X0編成は国鉄に納入された。そして新年度を迎えた85年4月12日から24日まで、X0編成は東京～博多間で最高速度210km/hでの性能試験が実施された。

「試験列車の運転は試験科の運転士が担当し、われわれも添乗しましたが、技術研究所の測定のお手伝いもし

ました」と千波は回想したが、ブレーキ性能・力行性能など所定の性能を満たすことが確認された。性能試験に続いて乗務員訓練が行なわれたが、試験科では性能試験と並行して教育用のビデオを作成した。

「100系はサイリスタ位相制御や新しいブレーキ方式もそうですが、運転中の車両の作動状況や故障発生などを表示するモニタ装置など、運転士の操作も0系とは大きく変わります。そこで大きく変わった点を中心に教材を作成しましたが、1編成しかなく現車に触れる機会が少ないのでビデオ撮影して各地の運転所に送って、あらかじめ勉強しておいてもらって、各地の運転所に順にX0編成をもって行って乗務員訓練を行ないました」と千波は語ったが、試験科の運転士が出身運転所で指導運転士とともに教育に携わった。X0編成の運転開始に伴い、試験科の手で仕業検査や交番検査が施行されたが、試験科の検修スタッフだけでは人数が足らないので、運転士も検査の施行に加わった。

「当時の0系16両編成の交検は70〜80人かけて半日で施行していました。それを試験科でやらないといけないので、最初は3日に分けて施行しました。運転士にとっては不慣れなことで大変だったと思いますが、作業服を着てメンバーに入ってもらわないと人数的に回せなかったのです」と千波は当時の経緯を語った。

† 2階建てグリーン車の個室改造と230km/h試験

東海道新幹線は80年代前半に需要の底入れ現象がみられるようになり、85年3月に東海道・山陽新幹線は

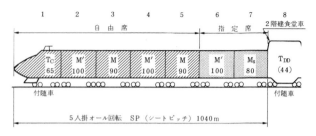

図4-1　100系量産先行車 編成と定員（『100系（モデルチェンジ車）の概要』）

需要創出を目指したダイヤ改正が実施され、20年間運転時分の変わらなかった「ひかり」は余裕時分・停車時分を見直すことで東京〜新大阪間が3時間8分、新大阪〜博多間が3時間16分（東京〜博多間は6時間26分）に短縮された。このほか76年7月ダイヤ改正以降の基本となっていた5-5パターンを6-4パターンとして「ひかり」を増発するとともに「こだま」の16両から12両への編成短縮が実施され、「こだま」の輸送力減をカバーするため毎時1本の「ひかり」を熱海〜豊橋間の2駅に停車する「HKひかり」が新設された。このダイヤ改正直後に完成した100系量産先行車は、性能試験・乗務員訓練に続き5月から8月に延べ38回の試乗会が開催され、延べ1万1000人が試乗したが「快適で素晴らしい」など好評な意見が多く寄せられ、一般試乗会では予定を上回る申し込みがあるなど上々の前人気ぶりであった。このX0編成は当初計画通り85年秋から東京〜博多間「Wひかり」1往復で営業運転に投入されることになったが、未施行で完成した2階建てグリーン車1階部は新

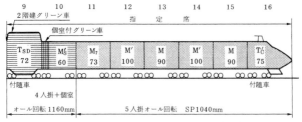

幹線輸送改善研究会などで議論の結果、オープン室ではなく個室で製作されることになり、浜松工場で改造工事が6月からスタートした。

　ここで時計の針を100系量産先行車完成当時に戻そう。図4-1は量産先行車の編成と定員だが、編成定員は0系ひかり編成と同じ1285人で、9号車の2階建てグリーン車の定員は72人と記されている。2階部の定員は前述のように42人なので、1階部に30人分の個室が計画されたことが読み取れる。

　「100系はビュフェの廃止などで、普通車のシートピッチを伸ばしても減った定員を相殺できるという発想でした。個室を新設したグリーン車も同様で、当時の役員会などで話を通すために、最後はどうしても数字合わせになってしまう面もありました」と須田は当時の経緯を語った。この個室改造に携わったのは1978年に国鉄に入社し、博多総合車両所などに在籍した後、85年に池田の後任の補佐として車両設計事務所（85年3月20日から車両局設計課に改組）新幹線グループに異動した伊藤順

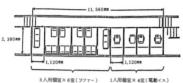

図4-2 2階建てグリーン車1階部個室構成（『車両の話題』214号）

一だった。

「個室の構成については様々な議論があり、定員の確保と多様なニーズに対する試行ということから、ビジネスタイプの1人個室4部屋とソファータイプの3人個室6部屋を採用することにしたのです」と経緯を語ったが、こうして1階部は図4-2のように1人個室と3人個室が設置され、当初計画の30人には及ばないものの22人の定員が確保された。またグループ客での使用を考慮して3人個室の2か所には可動式間仕切りとし、6人個室としても使用できるよう配慮された。

100系量産先行車が完成に近づいた頃、前述した速調の速度向上計画第1段階として、0系の220km/h速度向上試験が84年12月に山陽区間、85年7月に東海道区間で実施された。その結果、車両の一部改良とATCセクション長を一部改修することで、220km/h運転は車両・地上設備とも問題ないことが確認され、減速性能についても乗車率200%相当などの厳しい条件であってもクリアしていることが確認された。

一方の100系量産先行車は、浜松工場で施行された2階建てグリーン車の個室改造が8月に完成、それを待ちかねたように速度向上試験が実施された。8月22・23日に実施された東海道区間の230km/h試験は走行安定性、力行・ブレーキ性能など良好な結果で騒音・振動も問題なく、実施可能なことが確かめられた。また9月2

日から 12 日にかけて実施された山陽区間の 260 km/h 試験も車両性能面からは基本的に可能な見通しが得られたほか、パンタグラフ数削減・パンタグラフカバー設置などは騒音低減の効果のあることが確かめられた。試験列車の運転士はもとより試験期間中に施行する仕業検査のため試験科のスタッフも添乗した。260 km/h 運転では重心の高い 2 階建て車両の走行安定性が気になるが、千波に尋ねたところ、「260 km/h 運転時も思ったほど揺れはなく、特に 2 階建て車両は揺れるのではと思っていましたが、1 階よりも揺れない感じで、静かで乗り心地が良かったことを憶えています」と当時の思い出を語った。ところでこの試験で予想以上の結果が得られたのが走行抵抗だった。床下機器間にふさぎ板が設けられた 100 系の走行抵抗は、ボディマウント方式（床下を車体と一体で覆って平滑化した方式）の 200 系と 0 系の中間値程度と予想されたが、実際には 200 系とほぼ同等の結果が得られたのである。

2　X0編成の営業運転開始

†上々の滑り出しを見せたX0編成の営業運転

　85 年 4 月 1 日、三公社のうち日本専売公社・日本電信電話公社が民間会社として発足し、公共企業体として残るのは国鉄だけとなってしまった。6 月には非分割民営化を主張していた仁杉巌総裁に代わって杉浦喬也総裁が就任、さらに 7 月には国鉄再建監理委員会から「国鉄改革に関する意見」が提出された。国鉄が将来的に鉄道

表 4-1　100 系 X 編成時刻表（1985年10月）

列車番号・列車名	東京	新大阪	博多	記　事
3A　ひかり 3 号	8:00　→　11:10　→　14:26			水曜・木曜運休
28A　ひかり 28 号	22:16　←　19:08　←　15:45			〃

写真 4-4　100 系「ひかり 3 号」出発式（朝日新聞社提供）

としての特性を発揮するため、旅客輸送は本州 3 社と北
海道・四国・九州の全国 6 社に分割・民営化する、東海
道新幹線は中京圏を中心とした東海会社に、山陽新幹線
は近畿圏を中心とした西日本会社が承継する、新会社ス
タートは 87 年 4 月とするなどが骨子で、これを受けて
政府は同年 11 月に「国鉄改革のための基本的方針」を
閣議決定した。

　このような情勢下、量産先行車 X0 編成の営業運転が
10 月 1 日から開始された。運転時刻は表 4-1 のとおり
で、定期検査が施行される水曜・木曜を除いて東京〜博

多間を日帰りする運用が組まれた。営業運転初日の東京駅で出発式が行なわれ、坂田浩一技師長らのテープカットで「ひかり3号」はホームを滑り出した。ホームに居合わせた旅客や詰めかけた約500人の鉄道ファンが羨望のまなざしを向けるなど営業運転開始初日らしい光景が見られたが、100系の華やかな舞台を陰で支えたのは試験科のメンバーだった。

「営業運転開始後は一般の運転士が担当するようになりました。100系の構造を十分に分かっているわけではありませんから、何か不具合があったときを考えて試験科のメンバーが添乗しました」と千波は語ったが、当時のメモによると添乗は翌年6月まで続けられたとのことだった。

100系X0編成運転開始初日の「ひかり3号」は指定席完売、自由席も100%埋まり、2階建て食堂車も長い列ができるなど上々の人気の滑り出しを見せた。当時の国鉄は暗い話題しかなかったが、その鬱憤を晴らすかのように、この日の新聞は「2階建て新幹線発車　眺めもサービスもアップ」と好意的な見出しで報じた。営業運転開始間もない10月から11月にかけて旅客アンケートが実施され、乗車した列車がモデルチェンジ車であることを知っていたかという設問には70%が「知っていた」と回答し、周知度の高いことが認められた。さらに印象に残る改良点の設問に対しては、図4-3のように2階建て車両の登場、普通車シートの改良、車両内装・デザインなど全般的に高い評価が得られた。

また100系X0編成を使用した「ひかり3号・28号」

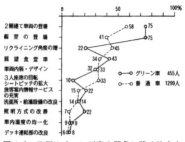

図4-3　モデルチェンジ車の印象に残る改良点
（『電車』1986-03）

のグリーン車では、おしぼり・飲み物・クッキーのサービスが開始されたが、アンケート結果ではおしぼりサービスは約95％の旅客が、軽食サービスは約90％の旅客が「よい」と回答した。高評価が得られたことから、12月から東京～名古屋間で8～11時、13～16時に発車する列車のグリーン車におしぼり・飲み物・クッキーのサービスを、その他時間帯に発車する列車にもおしぼりサービスが開始された。

　一方、華やかなデビューを飾った100系X0編成を温かく見守る男たちがいた。太田芳夫は2階建て車両に旅客が問題なく乗車できるか気になり、営業運転開始から1週間以上の間「ひかり3号」の発車を、自分の子供を送り出すような気持ちで見送った。伊藤順一は営業運転間もないときに一般旅客として乗車したが、東京駅で下車するサラリーマンが「いい車両だね」と話しているのを聞いて、わがことのように嬉しかったという。そして須田寛は「営業運転開始間もない頃、山手線の電車に乗っていたら「間もなく新幹線の新しい電車が通過します。2階建て車両の展望レストランがついた素晴らしい車両です」と車掌が放送していました。ちょうど私が出勤する時刻で、車内のお客様の多くが窓に張り付いて見

るくらい関心をもっ
てもらえました。ラ
ジオを座席で聞ける
ようにオーディオサ
ービスをつけるな
ど、客室内のサービ
ス改善に全力を挙げ
たということでもイ
メージアップの効果
があったのでしょ
う、評判がよかった

写真4-5　量産先行車ではFMラジオの送信が提供され、普通車はFMラジオで受信できるようになった。写真は車内で販売されていたFMラジオ（栗山敬提供）

ですよ」と語った。100系に深い愛着を注ぐ鉄道マンの思いが伝わるように、X0編成は東海道・山陽路を快走していたのである。

†初期トラブルの克服と栄光のお召列車

　鉄道車両、とりわけ新形式車両に初期トラブルは付き物だが、100系X0編成も快走の陰には関係者の苦労が隠されていた。まず性能試験時に空調装置のトリップ（停止）が発生した。

　「走行風が屋根上空調装置上部に設けた吐出し口を抑えるように作用し、トリップすることが分かりました。この対策として吐出し口に煙突状の筒を追設することにしたのですが、どの程度の高さが適当か試行錯誤を繰り返し、最終的には50mm程度にした記憶があります」と太田は経緯を語った。100系平屋構造車の屋根上空調装置に設けられた煙突状の筒には関係者の苦労が残されてい

写真4-6　空調装置に設けられた煙突状の筒
（リニア・鉄道館）

るのである。

　そして営業運転開始から数日後、7号車の旅客から床面が振動して騒音が大きいとの苦情が寄せられた。100系の主回路システムは、サイリスタを用いた主整流装置で整流された脈流（直流電流に含まれる交流成分）を平滑化する主平滑リアクトルを介して直流の主電動機に供給するが、振動の原因はこの主平滑リアクトルだった。

　「主平滑リアクトルの電磁誘導によって車体が振動することが分かりました。そこで車体側の床面を補強して対策しました」と石川栄は語った。石川は1976年に国鉄に入社し、車両設計事務所新幹線グループ（電気機器担当）に在籍した電気技術者で、81年から84年まで浜松工場に異動していたため、100系の主回路システムは詳細設計以降のフェーズを担当したというが、この振動は車体側の補強によって他の部位と同程度の騒音レベルに低下させることができた。

　100系 X0編成の営業運転開始から約3か月が過ぎた頃、客室照明のカバーに雨漏りが発生した。調査の結果、横断材（垂木）に過大な応力がかかっていることが判明したが、この理由を、「屋根板に平板を使用した0系では、トンネル内で圧力荷重がかかったとき、平板の膜力が圧力荷重に対抗して膨らまないように頑張るので

すが、100系の波形ステンレス鋼板では膜力が発生しません。このため垂木に過大な応力がかかって亀裂にいたることが分かったのです」と服部は経緯を語った。

この対策としてX0編成の屋根を補強することになったが、虎の子の1編成を運休させることはできない。そこで各車両メーカが自社で製作した車両の補強工事を担当することになり、日立が製作した車両については服部が約20人のスタッフを率いて笠戸工場から大井支所に出張して夜間作業に当たった。23時頃に入庫したX0編成の天井や内蔵物などを外して垂木を補強したが、一晩では1両の半分程度しか施行できないので、翌朝5時までには終了させるべく天井や内蔵物などを元に戻してX0編成の出庫を見送り、翌日の夜も引き続いて施行し

写真 4-7　車体疲労試験装置（日立製作所提供）

た。昼夜逆転の作業が続いて大変だったと服部は舞台裏を語ったが、車体設計に当たっては詳細に強度解析しても限界があり、設計者の注意力に依存するだけでは無理がある。そこで服部はこれを教訓に、トンネル突入時の圧力変動を繰り返し車体に加える車体気密疲労試験装置を考案した。疲労試験中に亀裂などが発生したときは設計にフィードバックして板厚を上げるなどの事前改良が可能になった。笠戸工場に設置されたこの装置は、100系の後継車で速度向上された300系の軽量で強度の高い車体の実現に活かされたのである。

大井支所試験科は、看板車両でもある100系X0編成を徹夜で手当てしてでも翌朝には無事に出庫させる、絶対に運休させないという思いで保守に携わったが、電車の心臓部である主回路システムを担当していた車両局設計課新幹線グループの石川も初期トラブル対応を支援した。

「東京駅に22時16分に戻ってきたのを確認して官舎に帰ると、試験科から電話の来ることがありました「故障で戻ってきたが、どこをどうすればいいか、作業服用意してあるからちょっと来て」と。そう言われたら行かないわけにいきません。大井支所に行って修繕して、朝の出庫を見送ってその後出勤することが何度かありました」と石川は当時を懐かしむように語った。

1970年に国鉄に入社して74年から0系の検修業務に携わり、85年3月に試験科に異動した当時は33歳の若手技術者だった高根公和もX0編成の保守に苦労した一人だった。X0編成の主回路が故障したとき原因が分か

写真 4-8　お召列車の天皇陛下（朝日新聞社提供）

らず、石川の支援を仰ぎながら、最終的には ECB のショートが原因だったことを突き止めたこともあったという。また主回路だけでなくサービス機器の保守も検修スタッフにとっては苦労の種だった。

「食堂車に設置された料理品を運搬するリフトはワイヤが外れることが多く、動かない状態で戻ってくることもありました。グリースがいっぱいついているから戻すのが大変で、苦労しました」と高根は思い出を語った。リフト故障時には料理品を人手で運んだのでしょうかという筆者の素朴な疑問に、食堂従業員が 1 階から 2 階に料理を運ぶこともあり、食堂従業員は苦労されたと思いますと、高根は答えた。

　100 系 X0 編成の営業運転開始間もない 85 年 11 月頃、翌 86 年 5 月に大阪・堺で開催される植樹祭に天皇陛下が出席されるため、宮内庁からお召列車運転の打診があった。東海道新幹線では 81 年 10 月以来の運転とな

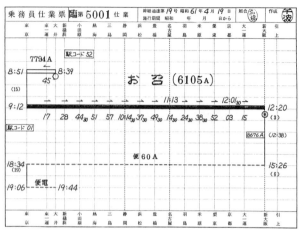

図 4-4　お召列車行路表（千波聡提供）

　るお召列車には新鋭の 100 系 X0 編成が起用され、5 月
10 日に往路、12 日に復路が運転されることになった。
当初は 16 両で運転する予定だったが、グリーン車の停
止位置を階段に近づけるなどの理由から電動車 2 ユニッ
トを外した 12 両で運転された。8M4T 編成なのでユ
ニットカットが発生した場合が心配されたが、検討の結果
1 ユニットカットなら定時運転・登坂能力とも問題ない
ことが確かめられた。X0 編成は 4 月から営業運転を外
れて 12 両に編成を組み替えた後、外板・室内の特別清
掃が実施されたほか、予備のディーゼル発電装置が積み
込まれた。

　「お召列車運転前の 3 月に、東海道新幹線で長時間の
停電が発生しました。0 系は沿線に設置された設備から

給電できるのですが、空調装置の電圧が異なる 100 系には給電できないので、万一を考えて空調装置用の予備発電機を搭載することにしたのです」と高根は経緯を語った。

　ところで当時の X0 編成の乗務員行路は、試験科が手書きで作成していたが、お召列車も例外ではなく、このときの行路表は千波が作成した。こうした準備を経て 100 系初のお召列車は 5 月 10 日 9 時 12 分に東京を発車したが、天候にも恵まれたお召列車は往路・復路とも定時で運転され、X0 編成は最初の大任を果たした。そして運転終了後ただちに 16 両への組替えなど復元整備が実施され、5 月 16 日から営業運転に復帰したのである。

1 100系量産車の計画と開発

†当初計画から前倒しされた量産車の製作

　100系量産先行車は85年10月から営業運転の試使用に投入された。当初は旅客の意見などを各局の担当者と確認・検討のうえ量産車の仕様を確定して86年度に量産車の新製投入計画と運用計画を策定し、常務会の了承を得て量産車の製作に着手し87年度に投入する。その一方で85年度の車両計画は0系を新製し、86年度に廃車の時期を迎える0系を置き換える計画で進められていたが、この車両計画が見直されることになった。

　新幹線電車の車両計画は車両局車両課主席の澤野英二、旅客局営業課主席の新津晃男、運転局車務課主席の小野田照義が実務を担当していたが、車両計画担当の一人は、「当時の羽田空港は88年の新A滑走路完成を目指して工事が進められ、一方で東北新幹線では85年3月ダイヤ改正で240km/h運転が開始されるなど、東海道新幹線を取り巻く情勢は急速に進展していました。そのようななかで、展示会や試乗会で高い評価をいただいた100系を投入せず、0系を作り続けることに車両局、旅客局、運転局の車両計画担当者が疑問を感じるようになったのです」と語った。さらに前述のように国鉄再建監理委員会は「分割・民営化し、新会社は87年4月にスタート」とする意見書を提出していたが、このスケジュールは車両計画にも影響を及ぼした。

新幹線をはじめとする車両は新製までに約1年の期間がかかるので、例えば86年10月に必要となる車両は、前年の85年度に（翌年度の予算を先取りした形で）発注する必要があり、これを債務負担行為と称している。一方で年度初めに計画して年度内に完成させる車両は本予算と称し、85年3月に完成した100系量産先行車は84年度第1次本予算で発注されたのだが、この量産先行車が完成した当時は85年度債務発注が計画される時期だった。

　「87年4月の新会社スタートを考えると、86年度に債務発注して完成した車両の対価を各メーカに支払うのが分割・民営後の87年度になるような、新会社の経営の自由度を制約してしまう車両計画はあり得ません。85年度の車両計画がおそらく国鉄として最後の車両計画と考えていました」と車両計画担当は当時を語った。新会社の収支試算結果は厳しく、したがって車両計画は極めて厳しいものになることは想定できた。当時の国鉄は「余剰人員対策推進本部」が設けられ、官公庁や民間企業に国鉄職員を採用してもらう動きも本格化していた。86年には希望退職の募集も行われ、国鉄部内では「去るも地獄、残るも地獄」と言われたころだった。

　「その一方で、東京〜博多間を1往復する量産先行車は1日2300km走行するので、1年強で周期を迎える全般検査施行時には10日以上0系で代走しなければならず、1編成だけでは安定的・継続的に営業運転できないことは明らかです。もし量産先行車1編成のみで新会社に承継され、安定的な営業運転に必要な100系増備の判

断を新会社ができなかったとしたら、100系の将来は危ういものになってしまいます。車両計画担当者としては、85年度の車両計画で100系の安定的な営業運転を何としても実現したかったのです」と経緯を語ったが、その実現の舞台は86年秋に予定された国鉄最後のダイヤ改正であった。そこで車両計画担当は85年度車両計画で、86年上期に廃車時期を迎える0系を（0系ではなく）100系で置き換える提案をまとめた。

「この提案は上司だけでなく関係各局に好意的に受け入れられました。しかしこの時点では10月からの営業試使用に向けて個室の設置工事を行っている段階で、2階建てグリーン車の1階部は最終確定していないため、2階建て車両を含まない12両4編成の48両を製作し、当面の間『こだま』として使用する計画としたのです」と車両計画担当が語ったように、100系1次車と呼称された12両編成48両は85年度第1次債務で発注され、86年上期から東京〜新大阪間の「こだま」での使用が計画された。次いで86年下期の計画で2階建て車両など残る4両の量産可否が議論されたが、量産先行車の試使用における利用状況などから、量産車では1階部に個室を集中配置する構成に見直され、4両4編成16両（2次車）が85年度第2次債務で発注された。

「100系の車両計画は、それまでの国鉄部内での会議体の承認とは異なるものでした。量産先行車で2階建てグリーン車の1階部を未施行での製作を承認したこともそうですが、量産車のときも2階建てグリーン車が営業試使用に供されていないため、2階建てグリーン車を除

く12両編成での計画を承認しました。従来であれば、仕様を決定し、関係局が合意したうえで会議体に付議すべきと、差し戻されたかもしれません。投入時期もダイヤ改正や分割・民営化の直前で全く余裕のない計画であり、何らかの支障が発生してスケジュールが狂った場合には取り返しがつかないことになりますが、それでも会議体は承認しました」と車両計画担当の一人は語ったが、その言葉からは、国鉄改革の動きが本格化する背景のもと、来るべきダイヤ改正を成功させるため背水の陣で臨む関係者の思い、そして東海道・山陽新幹線の新たなフラッグシップトレイン100系への熱い期待が幹部にもみなぎっていた様子が伝わってきた。かくして0系は85年度に完成した（厳密にいうと一部車両の完成は86年4月だったが）38次車をもって製作を終了し、100系の量産がスタートすることになったのである。

†大窓に改良された量産車の設計と「こだま」の営業運転

　量産車（1次車）は図5-1に記された「こだまタイプ」12両が製作された。量産先行車の基本性能や編成は踏襲されたが、営業試使用実績や旅客アンケート結果などに基づいて複数点が改良された。外観で目を引くのはグリーン車・普通車側窓の大窓化であろう。初期の0系ではシート2列で1枚の大窓が採用されていたが、破損時の取替えに手間がかかったことから、76年度増備車から1列1枚の小窓に変更されていた。

　「100系量産先行車では食堂車の大窓が好評だったこともあり、座席車も大窓化した方が良いという意見が多

(1) 編成図

ひかりタイプ (12M4T)

①	②	③	④	⑤	⑥	⑦	⑧	⑨	⑩	⑪	⑫	⑬	⑭	⑮	⑯
T_C	M'	M	M'	M	M'	M_S	T_{DD}	T_{SD}	M_S'	M_7	M'	M	M'	M	T_C'

こだまタイプ (10M2T)

①	②	③	④	⑤	⑥	⑦	⑧	⑨	⑩	⑪	⑫
T_C	M'	M	M'	M_7	M	M_5	M_S'	M	M'	M	T_C'

(2) 定員

ひかりタイプ (12M4T)

号　車	1	2	3	4	5	6	7	8	9	10	11	12	13	14	15	16
0系 (30次車以降)	70	95	95	105	95	105	85	(42)	38	105	64	68	95	95	95	75
100系量産先行車	65	100	90	100	90	100	80	(44)	64	60	73	100	90	100	90	75
100系量産車	65	100	90	100	90	100	80	(44)	56	68	73	100	90	100	90	75

こだまタイプ (10M2T)

号　車	1	2	3	4	5	6	7	8	9	10	11	12
0系 (30次車以降)	70	95	95	105	38	105	95	68	95	95	95	75
100系量産車	65	100	90	100	73	100	80	68	90	100	90	75

ひかりタイプ (12M4T)

号　車	編成定員（人）		
	グリーン車（個室）	普通車	合計
0系 (30次車以降)	132 (0)	1,153	1,285
100系量産先行車	98 (+26)	1,153	1,277
100系量産車	110 (+14)	1,153	1,277

こだまタイプ (10M2T)

号　車	編成定員（人）		
	グリーン車（個室）	普通車	合計
0系 (30次車以降)	68 (0)	963	1,031
100系量産車	68 (0)	963	1,031

図 5-1　100 系量産車及び定員

く出ました。私もそう思ったので、量産車では大窓にす
るようお願いしたのです」と須田寛は経緯を語ったが、
大窓化に伴って、複層ガラスの板厚や車体を構成する部
材の寸法が変更された（折込図⑧参照）。

　また先頭部の目玉に相当するヘッドライトの角度は、
きついイメージがあるとの指摘があったため、85 年 9
月に浜松工場で検討会が開催された。

　「模造紙でヘッドライトの形を作って車体に張り付
け、車両デザイン小委員会からご意見をいただいて角度

写真5-1　100系量産車（普通車）室内（リニア・鉄道館）

を決定しました」と太田は経緯を語ったが、検討の結果量産車のヘッドライトは約半分の角度に変更された。シートについても使い勝手の改良が図られ、グリーン車に設けられたレッグレストは固くて出しにくいなどの意見があったことから従来と同様なフットレストに変更され、普通車シートはプライバシー確保のため背もたれ間の隙間を小さくするなどの改良が図られた。

　量産先行車の旅客案内表示装置は各車両の案内情報装置で制御されていたが、量産車では車掌室に設けた中央装置から情報を提供する方式に変更された。これにより運行情報だけでなく緊急情報（例えば「ただいま○○付近で集中豪雨のため停車中です」など）やサービス情報も流せるように改良された。

　量産先行車のインテリアデザインは統一したポリシーで設計されたが、完成した車両を改めて見直すと改良す

写真5-2　ヘッドライトの角度を検討しているところ（写真右端は太田芳夫）

べき点も出てきたので、量産車では普通車の奇数号車に採用されたブルー系の彩度を下げたこと、仕切扉号車番号の書体を変更したこと、長身の旅客を考慮して貫通路を高くしたことなどの改良が図られた。このほか天井板形状や普通車シートの市松模様も改良されたが、この経緯を、「量産先行車の天井は平板でしたが、ビード状の凸凹を設けました。デザイン面でのアクセントという意味もありますが、強度上も有利で軽量化もできるなど構造上のメリットもあったのです。それと普通車シートに採用した市松模様はマス目が細かすぎたので、4mmから5mmに大きくしました」と木村一男は語った。

　暫定的に「G1〜G4」の編成番号が付与された100系量産車（1次車）は86年5月から7月にかけて大井支所

写真 5-3　100系量産車の車体設計陣。前列中央が伊藤順一（伊藤順一提供）

表 5-1　100系 G 編成時刻表（1986 年 7 月）

列車番号・列車名		東京		新大阪
409A	こだま 409 号	7:51	→	11:56
415A	こだま 415 号	8:51	→	12:56
427A	こだま 427 号	11:51	→	15:56
429A	こだま 429 号	12:21	→	16:26
459A	こだま 459 号	17:51	→	21:56
461A	こだま 461 号	18:51	→	22:56
463A	こだま 463 号	19:21	→	23:26
404A	こだま 404 号	11:55	←	7:50
434A	こだま 434 号	17:25	←	13:20
438A	こだま 438 号	18:25	←	14:20
454A	こだま 454 号	21:25	←	17:20
446A	こだま 456 号	21:55	←	17:50

などに搬入して公式試運転が行なわれた。最初に完成したG2 編成は 6 月 13 日から「こだま」で営業運転が開始されたが、X0 編成と同様に試験科のメンバーの添乗が 6 月いっぱいまで実施された。

表 5-1 は時刻表 86 年 7 月号の註欄に「ビュフェを連結しない日があります」と記載された列車、つまり 100 系が使用される場合がある列車の運転時刻である。運転本数が下り 7 本、

写真5-4　G編成（12両編成）時代の量産車

上り5本とアンバランスなのは、下り列車が日によって
0系と交互運転していたのではないかと推測できる。な
お暫定的な運用のためか、時刻表巻末の編成図には100
系「こだま」は記載されていなかった。特急列車の編成
図が掲載されなかったのもこれまた異例だったといえよ
う。

　ところでG編成もX0編成と同様に初期トラブルが発
生した。鉄道車両には空気ブレーキや戸閉め装置などに
圧力空気を供給する空気圧縮機（CP）が搭載されている
が、車内の静粛性に主眼が置かれた100系では低騒音タ
イプのCPが採用され、併せて0系の容量をもたせ16
両編成当たり4個（0系では8個）に削減し、コスト低減
などの改良が図られていた。

　「営業運転開始間もないG編成が、浜松町付近で圧縮
空気の蓄積不足のため停止してしまったことがありまし
た。原因を調査したところ、CPの弁が折れていること
が分かりました。このCPは低騒音化の方策の一つとし

てリード弁という板のような弁を採用したのですが、このリード弁が故障することが何度かありました」と、84年から車両設計事務所動力車グループに在籍して新幹線・在来線車両のブレーキ装置を担当し、86年当時は29歳の若手技術者だった上野雅之は語った。この対策の完了には数年を要したというが、トラブル対応のため夜間に大井支所に出向いたとき、電気機器のトラブル対応に当たっていた石川栄に会ったことも思い出として残っていると補足した。

2　100系量産車の営業運転開始

†2階建て量産車の誕生と量産先行車の量産化改造

　100系は量産車（1次車）に続いて2次車の設計製作が進められた。2階建てグリーン車2階部の静かでゆったりした雰囲気は好評を得られたが、暗いという印象があったため、じゅうたん・天井などの配色が変更されたほか、普通車シートの背もたれ隙間などが改良された。一方、個室も人気だったが、1人個室6部屋、2人個室1部屋、3人個室6部屋の構成数が見直されることになった。

　「2階建てグリーン車1階部の3人個室は1人個室と同じスペースだったため「スペースが狭い」などのご指摘をお客様からいただいていました。営業面では1部屋しかない2人個室は満室でお断りするケースが多かったのに対して3人個室はそれほどでもなかったので、部屋数を見直すことにしたのです」と伊藤は経緯を語った

写真 5-5 ２階建てグリーン車量産車製作に当たり日本車輌製造が製作したモックアップ 航空機のようなタイプの荷物棚が検討された（北山茂提供）

が、個室は２階建てグリーン車１階部に集約されることになった。個室は図 5-2 のように１人個室５部屋、２人個室３部屋、３人個室１部屋

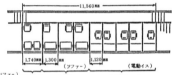

図 5-2 ２階建てグリーン車（量産車）１階部個室構成（『車両の話題』214 号）

で構成し、１人個室の幅は量産先行車と同じ 1120mm だが、２人個室・３人個室はそれぞれ 1350mm・1790mm に拡大された。２階建て車両１階部の窓は飛石の当たる確率が高いため、割れないポリカーボネートが採用されたが、個室の窓については大きい方がよいという意見があったことから、高さ方向が拡大された。

　また個室を廃止した平屋構造グリーン車は、出入口を

写真 5-6　量産車の 1 人個室・3 人用個室（リニア・鉄道館提供）

隣接する 9 号車に移設することなどでオープン室スペースを拡大して定員を増加させ、オープン室と個室を合計したグリーン車の定員は量産先行車と同じ 124 人が確保された。

　2 階建て食堂車は好評だった量産先行車の基本構造が踏襲されたが、混雑する食堂入口に設けられていた待合用腰掛を廃止したこと、混雑する 1 階部売店も通路幅が広げられたことなどのレイアウトが変更されたほか、食堂入口の 1 階から上がった所で見渡せる吹抜けの構造が変更された。

　「開放感をもたせようと通路から天井まで吹抜けの空間を作ったのですが、厨房から匂いが上がってきてしまうというので、なるべく目立たないようにプラスチックのカバーを被せました」と木村は経緯を語った。また海側と山側で高さが異なっていた 2 階建て車両の NS マークは、ブルーの帯より上下の出ている山側の塗分けに統一された。

　詳細は後述するが、86 年秋に予定されたダイヤ改正

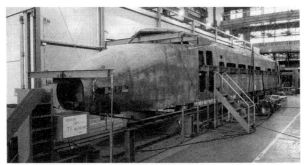

写真5-7　製作を急ぐ100系量産車（川崎重工業提供）

では量産車と量産先行車を共通で運用する計画がたてられたことから、量産先行車は個室設備などを共通化する量産化改造が施行された。2階建てグリーン車は、①1階部の個室内装を全て撤去して量産車と同様な構成で個室を配置、②窓配置を個室に合わせて変更、③10号車寄りに出入口を新設などが施行された。また平屋構造グリーン車は個室を撤去して量産車と同様にオープン室スペースに変更されたほか、グリーン車シートも量産車と同様なフットレストに変更された。

　浜松工場で施行された量産化改造は10月に完成、編成番号も「X0」から「X1」に変更された。一方、「こだま」に暫定使用されていたG編成も2階建て車両など4両を組み入れた16両編成化が10月に実施され、編成番号もG1〜G4→X2〜X5に変更され、こうして100系は5編成の陣容が揃った。

　当時の東海道・山陽新幹線の最高速度は開業以来210km/hのままだったが、運転計画上の計画最高速度（基準

表 5-2　ATC 信号速度 （単位：km/h）

信号	210	160	110	70	30	0ᵢ
従来	210	160	110	70	30	0
速度向上後	220	170	120	（従来のまま）		

運転時分の計算での最高速度）は速度計の誤差などを考慮して 10 km/h 低い 200 km/h に設定されていた。前述のように 0 系の 220 km/h 速度向上試験が 84 年 12 月から 85 年 7 月にかけて実施され、車両・地上設備とも問題ないこと、220 km/h 運転の実現に必須となるブレーキ性能も問題ないことが確認された。こうして ATC セクション長などの地上設備改修を極力抑制したうえで、ATC 信号を表 5-2 のように車両側で各信号を読み替えて、0 系・100 とも最高速度が 220 km/h に向上されることになった。

　同時に ATC220 信号でブレーキが作動する最高速度が 225 km/h に変更された。さらに最高速度と計画最高速度の差は、速度計の誤差の実態を反映して 5 km/h に圧縮し、計画最高速度は 220 km/h に引き上げられ、86 年秋に予定されたダイヤ改正で計画最高速度を 20 km/h スピードアップすることが 85 年 9 月に決定されたのである。

コラム4 東北新幹線に投入された「100 系顔」の 200 系

　東北新幹線は 1985 年 3 月ダイヤ改正で、暫定開業だった大宮から上野まで延伸、最高速度を 240 km/h に向上することで上野〜盛岡間「やまびこ」は 2 時間 45 分に短縮された。その後も乗車率が好調だった

写真 5-8　100 系顔の 200 系 16 両編成 （寺本光照提供）

「やまびこ」の増発が 86 年度に計画されたが、新製両
数を抑えるため「とき」を 12 両から 10 両に減車して
中間車を捻出し、先頭車 4 両だけが新製されることに
なった。この先頭車は 100 系タイプの先頭形状が採用
され、3 人掛シートも 100 系で好評だった回転可能な
タイプに変更し、シートピッチも 100 系と同じ 1040
mm に拡大された。シートピッチ拡大に伴い客室が長く
なったため、車端に設けられた業務用室・ごみ処理室
廃止などの見直しが図られた。また「100 系顔」の先
頭車が組み入れられた編成は 100 系と同様に子持ちの
ラインを追加しイメージアップが図られた。

　86 年 9 月に発注し、翌年 3 月完成という厳しい工
程が組まれた「100 系顔」の 200 系先頭車だったが、
民営化直前の 87 年 3 月 21 日に東北新幹線にデビュー
した。そして翌 88 年度から 92 年度にかけて中間車を
「100 系顔」の先頭車に改造した 14 両が誕生した。一
方、90 年度には「やまびこ」輸送力増強のため、100
系と同様な構造で新製された 2 階建てグリーン車 2 両
を組み込んだ 16 両編成がお目見えすることになっ

た。東北新幹線の看板列車として誕生した16両6編成（H編成）の先頭には「100系顔」の200系が使用され、東北路を駆け抜けるようになった。

　「100系顔」のH編成は、元祖100系の16両編成が消滅した後も活躍を続けたが、後継車であるE2系の投入に伴って2004年3月ダイヤ改正で定期運用を終了した。その後も臨時列車などで使用されたものの06年度に「100系顔」の200系は全車両が廃車されたのである。

†国鉄最後のダイヤ改正の目玉商品だったX編成

　86年11月1日、鉄道の特性を発揮できる都市間・都市圏輸送に重点を置き、新会社移行に向けた総仕上げのダイヤ改正、いわゆる国鉄最後の「61.11ダイヤ改正」が実施された。東海道・山陽新幹線は220km/hに速度

写真5-9　86年11月ダイヤ改正で運転を開始した量産車X編成（北山茂提供）

表5-3　100系X編成時刻表（1986年11月）

列車番号・列車名	東京		新大阪		博多	記　事
1A　ひかり　1号	7:00	→	9:58	→	12:57	
3A　ひかり　3号	8:00	→	10:58	→	13:57	
23A　ひかり 23号	9:00	→	11:58	→	15:05	小郡停車
5A　ひかり　5号	10:00	→	12:58	→	15:57	
26A　ひかり 26号	19:46	←	16:50	←	13:41	小郡停車
10A　ひかり 10号	20:46	←	17:50	←	14:49	
12A　ひかり 12号	21:46	←	18:50	←	15:49	
28A　ひかり 28号	22:46	←	19:50	←	16:41	小郡停車

向上され、「Wひかり」は東京〜新大阪間2時間56分、新大阪〜博多間3時間1分で当初は計画された。しかしこのダイヤ改正で導入する100系は、0系と比較すると新大阪〜博多間の基準運転時分が2分短縮できることから、100系を使用する「Wひかり」については同区間を2時間59分で運転し、東京〜新大阪間、新大阪〜博多間とも「3時間の壁」を破ることになった。

　100系は表5-3のように時間帯の良い「Wひかり」に投入され、4編成が東京〜博多間を1往復、1編成が予備という効率的運用が組まれた。0系を使用した「Wひかり」が東京〜博多間5時間59分運転なのに対し、100系「Wひかり」は5時間57分（小郡〔現在の新山口〕に停車するひかり23・26・28号は6時間5分）で運転された。なお東京・新大阪発最終「ひかり」は、東京〜新大阪間2時間52分運転に短縮された。

　山陽区間小倉〜博多間に0系6両編成の「こだま」が85年6月から運転開始された。地域密着の輸送改善は旅客の誘発など成功を収めたことから、86年11月のダイヤ改正では山陽区間「こだま」輸送力適正化のため広

島〜博多間に6両編成を使用した「こだま」を設定し、この区間の時隔を短縮するなど地域密着を深度化したダイヤが組まれた。しかしこの6両編成ではユニットカット時、つまり4M2T運転時の負荷が問題となった。

「山陽新幹線は一部に谷底状になっている区間があり、ここで1ユニットカットになると過負荷になることが分かりました。そのためユニットカット時は速度規制をかけて遅れることになりますが、それは割り切るしかないということになりました」と石川栄は思い出を語った。

このダイヤ改正で100系を投入した「Wひかり」は好評で、他の「Wひかり」に比べて5ポイント高い87％の乗車率を示した。快走を続けるX編成だったが、ダイヤ改正から1か月が経過した12月15日のことだった。X5編成を使用した12A（ひかり12号）が岡山駅発車後にブレーキ装置が故障して緩まなくなる事象が発生したため、やむなく相生で運転を打ち切って大阪の車両基地である大阪第一運転所に回送した。

「翌日の運用に充当するため、故障した2両ユニットを外した14両で深夜に東京まで回送し、翌日はこの14両で運用しました。翌日運転の列車も100系をねらって指定券を買っておられるお客様も多いから絶対に運転させるということで、深夜に回送したのです」と千波は思い出を語った。翌日の営業列車は「本日に限り14両で運転します」と旅客に案内したというが、深夜に予定された地上設備の保守作業を急きょ中止して回送列車が運転されるなど、新幹線総局が総力をあげて対応した。そ

れは日本の産業経済の基盤を担っていた責任を全うする「国鉄魂」が民営化後の新会社にも受け継がれることを意味していたのである。

ダイヤ改正から間もない11月28日、国鉄改革関連8法案が国会で成立し、翌87年4月1日に民営分割された新しい事業体として発足することが決定した。国鉄部内の随所に掲出されていた

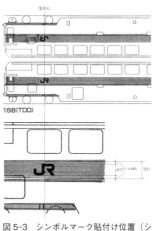

図5-3　シンボルマーク貼付け位置（シンボルマーク貼付け指示書）

「民営化まであと○日」の看板もカウントダウンが近づいた87年2月17日、新会社の略称は「JR」に決まったことが新しいシンボルマークとともに新聞報道された。新会社の略称はJR（Japan Railway）とNR（National Railway）2案があったが、マークのデザインが良かった「JR」に軍配が上がった。また新会社の愛称は北鉄・九鉄などの案が当初は検討されたが、東日本と東海では重複してしまうので、「JR東海・JR西日本」のように新会社の略称と地域名を組み合わせることになったと、当時のマスコミは伝えた。これに続いてシンボルマークの各社別カラーが決まり、新会社に承継される車両に貼り付けることが20日に報道発表された。一方、100系量産車は86年11月ダイヤ改正で投入された1次車・2次

車の64両に続き、3次車として2編成32両が87年3月に追加投入された。

　「X編成は1編成しか予備がなく、これでは2週間程度工場へ入場する必要のある全般検査を施行するときは予備編成がなくなってしまうので、国鉄最終年度の車両計画で2編成を製作することにしたのです」と車両計画担当の一人は語ったが、こうして国鉄最後となる86年度第2次本予算で3次車32両が発注された。

　新会社に承継されるシンボルマークは、100系では1号車・8号車（食堂車）・15号車に貼り付けられることになったが、2階建て車両のNSマークは新会社移行時にその役割を終え、新しいシンボルマークに交代することになった。ところでグリーン車に提供されていたおしぼり・飲み物・クッキーのサービスも見直されて、新会社ではおしぼりのみのサービスに改められることになり、飲み物・クッキーは2階建て車両のNSマークとともに過去帳入りすることになった。そして「民営化まであと〇日」の看板もついに0を迎え、国鉄のいちばん長い日となった1987年3月31日を迎えたのである。

第6章 エクスプレス・キャンペーンの主役100系

1 若手広報マンが提案したシンデレラ・エクスプレス

†遠距離恋愛をモチーフにしたCM企画書

1987年4月1日、東海道新幹線と名古屋圏を中心とする在来線を軸に事業を営む東海旅客鉄道（JR東海）、山陽新幹線と京阪神圏を中心とする在来線を軸に事業を営む西日本旅客鉄道（JR西日本）が発足した。JR東海の本社が設置された名古屋市は快晴だったが、最低気温は0℃という例年になく寒い日だった。100系は民営化直前に完成したX6・X7編成を含む7編成112両がJR東海に承継されたが、新生JR東海の門出を飾るようにこの日から名古屋本位の「ひかり71・72号」など2往復

写真6-1　JR東海初日の「ひかり71号」出発式に立ち会う須田寬（写真右端、JR東海提供）

表 6-1 100 系 X 編成時刻表（1987 年 4 月）

列車番号・列車名		東京		新大阪		博多	記　事
71A	ひかり 71 号	名古屋	6:48	→		11:08	4/14・16・21 を除く
1A	ひかり 1 号	7:00	→	9:58	→	12:57	
3A	ひかり 3 号	8:00	→	10:58	→	13:57	
23A	ひかり 23 号	9:00	→	11:58	→	15:05	
5A	ひかり 5 号	10:00	→	12:58	→	15:57	
7A	ひかり 7 号	11:00	→	13:58	→	16:59	4/13・15・20 を除く
6A	ひかり 6 号	17:46	←	15:50	←	11:47	4/14・16・21 を除く
26A	ひかり 26 号	19:46	←	16:50	←	13:41	
10A	ひかり 10 号	20:46	←	17:50	←	14:49	
12A	ひかり 12 号	21:46	←	18:50	←	15:49	
28A	ひかり 28 号	22:46	←	19:50	←	16:41	
72A	ひかり 72 号	名古屋	22:27	←		18:07	4/13・15・20 を除く

が 0 系から置き換わり、表 6-1 のように 6 往復で運転されるようになった。本書の読者には、大垣夜行（東京〜大垣間に運転された普通夜行列車の通称、後の快速「ムーンライトながら」）の乗車体験をもつ方も少なくないと思われるが、「ひかり 71 号」は大垣夜行から乗り継いで山陽方面にアクセスできる列車でもあった。

「4 月 1 日は 5 時 30 分に出勤し、名古屋始発「ひかり 71 号」で出発式に立ち会ったのがはじまりで、セレモニーと挨拶回りで終わりました。そういう状況でスタートしましたが、新幹線が無事故で運転できるか、それから計画どおり利益が出るかという心配があり、非常に不安な気持ちで 4 月 1 日を迎えた記憶があります。「天気晴朗なれど波高し」そんな感じでした」と JR 東海代表取締役社長に就任した須田寛は思い出を語った。

新生 JR 東海が発足間もない 4 月中旬、若手広報マンが CM の企画書を上司に提出した。1982 年に国鉄に入

社し、民営化直前の時期には本社広報でCI（コーポレートアイデンティティ）を担当してJRマーク選定などに携わり、JR東海の総務部広報担当に配属された28歳の坂田一広だった。新生JR東海発足に当たり、①東京〜新大阪間の東海道新幹線はJR東海が運営・管理しているにもかかわらず、発足当初は東京ではJR東日本、関西ではJR西日本のイメージが強く、JR東海の知名度はいま一つだったこと、②何かと暗い話題が多かった国鉄時代のマイナスイメージを払拭し、新生JR東海をイメージアップする必要があること、③企業の顔づくりとして「JR東海＝東海道新幹線」というイメージを定着させたい、を目的にしたCMの東京・関西エリアへの展開を考え、東海道新幹線を舞台に、そして遠距離恋愛をテーマに据えたCMの企画書を作成した。

　「1985年に放送された遠距離恋愛をテーマにしたドキュメンタリー番組がありました。当時は見ただけで終わったのですが、新しいCMはソフトなタッチで表現したいと考えていたときにその記憶がよみがえり、例えばそのドキュメンタリー番組のように「シンデレラ・エクスプレス」をBGMに、と企画書に表現した記憶があります」と坂田は経緯を語ったが、実は坂田も広島に暮らす女性と遠距離恋愛中で、金曜夜に広島に向かい、日曜夜の最終「ひかり」で帰京する日々が続く実体験をもっていたことから、夜の東京駅ホームで別れを惜しむカップルにエールを送る思いを込めたという。この要件をまとめた企画書を上司に説明したところ、翌日には「やろまいか（名古屋弁で「やろう」の意）」となり、須田にプレ

ゼンテーションする運びとなった。

　「CMの企画案を聞いたとき、これはいけると思いました。なぜかというと、当時の私は日曜日の東京発最終「ひかり」に乗る機会がよくあったのですが、あるとき若い女性が座ったA席の一つ置いたC席に乗ったことがありました。その女性は彼氏とデッキで話をしていて発車後に席に帰ってきましたが、彼氏は発車した列車をホーム上で追ってきたのです、危ない話だけれどもね。そしてその女性は静岡近くまで泣いていたのを目にしたことがあったのです」と語ったが、遠距離恋愛カップルの存在を知っていた須田も共感したのである。そしてJR東海＝東海道新幹線をアピールするCMを東京・関西エリアを中心に投入するという坂田の企画にGOサインを出した。

　「企画書を携えて財務部に行って、予算をつけてほしいと予算担当に話をしたら「この金は何に使うのだ」といわれたので「JR東海が全国区になるために必要な金です」と説明したら、即決されたのを憶えています」と坂田は回想した。こうしてCM制作が正式にスタート、4月下旬に広告代理店を呼んでコンペが実施された。このとき遠距離恋愛をテーマにしたドキュメンタリー番組を話したところ、その番組を手がけた電通の営業担当がプランナーを坂田に紹介した、こうした縁もあってCMは電通案に決定したのである。

†シンデレラ・エクスプレスに起用されたエース100系

　発足間もないJR東海は、前例がないからダメだった

写真 6-2　シンデレラ・エクスプレスのポスター（リニア・鉄道館提供）

国鉄時代から様変わりし、前例がないならやってみようという勢いがあり、CM撮影は5月中旬にスタートという異例の早さで進められた。坂田は電通のコピーライターと議論し、JR東海からCM視聴者（お客様）に向けたメッセージとして「こんな素敵な話を大切にします。私たちの新幹線」を創り上げた。

そしてBGMには坂田が企画書に例示したとおり松任谷由実の「シンデレラ・エクスプレス」が使用されたが、この楽曲名は前述のドキュメンタリー番組名でもあった。その意味でシンデレラ・エクスプレスという用語はJR東海オリジナルではないのだが、主役であり舞台でもある東京21:00発「ひかり289号」には当然のように100系が起用された。

「当時の最終「ひかり289号」は0系が使用されていましたが、会社の顔づくりのCMでフィクションだということは誰でも分かりますから、100系を起用することで進みました」と坂田は語った。営業運転終了後の深夜に撮影は行なわれたが、14番線ホームへの照明設置といった準備も含めて5日間かけたという。映像撮影と並行して、スモークで演出された100系の前にシンデレラを象徴するガラスの靴をもつヒロインが立つポスターも制作された。ポスターに写る100系はX3編成だったことが読み取れるが、余談はさておきCMの冒頭にもスモークで演出された100系が登場する。

「CGなどない時代ですから本当にスモークを焚いて、14番線の線路上に機材を持ったスタッフやヒロインが降りて撮影しました。発車するシーンは何回も撮り

直すので、ATCを切って構内運転の扱いで、有楽町付近まで運転して東京駅まで構内運転で戻ってきて、また発車を繰り返すという前代未聞なことをやりました」と坂田は語った。有楽町付近から東京駅まで下り本線を退行（逆走）することは、運転取扱い上戒められている。このときは線路閉鎖（線路保守などのため、列車の進入を抑制すること）をかけて構内運転したので、保安上も規程上も問題ないが、CM制作のために線路閉鎖して下り本線を逆走するのは前代未聞だったのである。

　「現場からは「何でこんなことをやる」と言われたようですが、新幹線運行本部総務部広報担当の嵯峨野さんが説得して下さり、このCMを制作することができました」と坂田は先輩の功績を讃えたが、実はここにCM制作の目的の一つがあった。国鉄時代の新幹線総局在籍者はともかく、駅関係者など東京・関西エリアの現場社員は、それぞれJR東日本・JR西日本に行きたかった。たまたま新幹線に従事していただけで、なぜ名古屋に本社のある会社に行かなければいけないというのが本音だった。さらに民営化に伴い、国鉄官舎は各社の社宅に移管されたが、東京・関西エリアの官舎はJR東日本・西日本に移管されたため、JR東海の社員は一定期間内に転居しなければならなかった。国鉄官舎からJR東海社宅に転居し、通勤時間が倍になったと回想するJR東海社員もいたが、このように肩身の狭い思いをする社員も少なくなかった。

　「東京・関西エリアの社員にエールを送りたい、東京・関西エリアにCMを投入したのは、自分たちの会

社は新幹線の会社なのだということを再認識してもらいたい、そういう意味もあったのです」と語る坂田の言葉からは、鉄道マンの熱い思いが伝わってきた。撮影時にスモークを焚くので火災と間違われないよう、消防署には事前に連絡したと坂田は記憶しているが、こうして撮影されたCMは6月から放映がスタートした。

スモークで演出された100系、21時を示す時計の針、「日曜新大阪行き最後の「ひかり」、シンデレラ・エクスプレスと呼ばれています」のナレーションをバックに発車していく100系のテールライトを切なく見送るヒロイン……。遠く離れて暮らす恋人同士が週末にだけ会い、そして日曜日の夜、新幹線のホームでまた離れ離れになってしまう。人と人との出会い、そして別れ。そこにある人生の様々なドラマを新幹線は演出する。新幹線はコミュニケーションのツールであり、JR東海は新幹線を使ってお客様のコミュニケーションを支援する会社であることをハートフルに訴えた。

このシンデレラ・エクスプレスCMは、お堅い国鉄がこんなCMを……と反響は大きく、それまで新幹線各駅でどこか控えめだった遠距離恋愛カップルの別れ際が、よりドラマチックになる社会現象を巻き起こした。JR東海の知名度向上やイメージアップに大きく貢献し、7月の放映終了後の「もう一度見たい」という声に応えて9〜10月にも放映された。

「当時の最終「ひかり289号」は0系で運転していました。放映されたCMは100系だったので「看板に偽りあり」ではいけませんから、100系で運転するように

表6-2　JR東海のエクスプレス・シリーズ 一覧

	タイトル	時期	テーマ	キャッチフレーズ
1	シンデレラ・エクスプレス	87年6〜7月、9〜10月	駅頭の別れ	日曜、新大阪行き最後のひかりシンデレラ・エクスプレスと呼ばれています
2	アリスのエクスプレス	88年1〜3月	好奇心	距離に負けるな、好奇心
3	プレイバック・エクスプレス	88年5〜6月	同級生の再会	会うのが、いちばん。
4	ハックルベリー・エクスプレス	88年7月	ちびっこの冒険心と祖父母との再会	ハックルベリーの夏は時速220キロでやってくる
5	ホームタウン・エクスプレス	88年10〜12月	心の故郷への里帰り	ココロがちょっと疲れたらキミの町へ帰ろう
6	（ホームタウン・エクスプレス）クリスマス編	88年12月	恋人たちの再会	帰ってくるあなたが、最高のプレゼント
7	ファイト！エクスプレス	89年3〜5月	新生活へのたびだち	時速220キロで、あしたが始まる
8	ハックルベリー・エクスプレス '89	89年7〜8月	ちびっこたちの冒険心と祖父母との再会	今年もまた、ハックルベリーたちの夏は時速220キロでやってきました
9	クリスマス・エクスプレス	89年11〜12月	恋人たちの再会	ジングルベルを鳴らすのは、帰ってくるあなたです
10	ファイト！エクスプレス '90	90年3〜4月	新生活へのたびだち	たくさんのサヨナラと一緒に乗る、新幹線があります
11	ハックルベリー・エクスプレス '90	90年6〜8月	ちびっこの冒険心と祖父母との再会	夏の風が吹き始めると、ハックルベリーたちが目を覚まします
12	クリスマス・エクスプレス '90	90年11〜12月	恋人たちの再会	どうしても、あなたに会いたい夜があります
13	ファイト！エクスプレス '91	91年2〜3月	新しい自分に会う勇気	たくさんの勇気を乗せて走る、新幹線があります
14	マイコのエクスプレス	91年6〜8月	あの夏を子供達へ	日本中のマイコたちに、大きな季節がやってきます
15	クリスマス・エクスプレス '91	91年11〜12月	駅頭でくり広げられる様々な人々の再会	あなたが会いたい人も、きっとあなたに会いたい
16	シンデレラ・エクスプレス '92	92年3〜4月	駅頭の別れ	距離にためされて、二人は強くなる。
17	マイコのエクスプレス '92	92年7〜8月	あの夏を子供達へ	夏と遊ぼう！
18	クリスマス・エクスプレス '92	92年12月	恋人たちの再会	会えなかった時間を今夜取り戻したいのです

したのです」と須田が語ったように、8月16日から毎日曜日に限ってシンデレラ・エクスプレスこと「ひかり289号」は100系で運転されるようになった。

2　エクスプレス・キャンペーンの展開

†アリスのエクスプレス、そしてホームタウン・エクスプレス

　シンデレラ・エクスプレスに続くエクスプレス・キャンペーンの第2弾として翌88年1月からアリスのエクスプレスが放映された。キャッチフレーズの「距離に負けるな好奇心」をもつ思春期の女性（童話「不思議の国のアリス」の主人公アリス）をターゲットに制作された。これに続いて88年5月から同級生の再会をテーマにしたプレイバック・エクスプレスが放映された。

　「当時は電通とのブレスト合宿があって、ホテルに缶詰めで侃々諤々議論しました。そのなかから「会うのが、いちばん。」のキャッチフレーズが生まれました。新幹線はお客様の気持ちを乗せて一緒に走っている、数えきれないストーリーを運んでいることを再確認できたのです。シンデレラとかアリスを制作したときに気付かなかったコンセプトを明確にできたプレイバック・エクスプレスは、われわれにとって記念すべき作品になりました」と語る坂田の言葉からは、輸送業務の最大の使命である安全を土台に新幹線は旅客を運ぶだけでなく、文化、そして人の心も運んでいるという鉄道マンの思いが伝わってきた。

　そして88年7月からちびっこの冒険心と祖父母との

再会をテーマにしたハックルベリー・エクスプレス（ハックルベリーは、小説「ハックルベリー・フィンの冒険」の主人公の冒険少年）、10月から「ココロがちょっと疲れたらキミの町へ帰ろう」をキャッチフレーズにしたホームタウン・エクスプレスが放映された。当時のエクスプレス・キャンペーンは、プレイバック、ハックルベリー、ホームタウンの年間3回のスケジュールで放映されていた。プレイバックは若い世代、ハックルベリーが祖父母と孫、ホームタウンも幅広い世代にターゲットを広げたが、クリスマスの時期にターゲットを絞ったCMが電通から提案された。

　「電通の提案はターゲットを絞ることともう一つ、この時期はクリスマスプレゼントとかお歳暮を売るための広告しか流れていません、そこに企業のメッセージを投げかけると視聴者に届くのではと提案してきたのです」と坂田は経緯を語ったが、やってみたい内容だったので、ホームタウン・エクスプレスのクリスマス編という扱いで社内手続きをとったと補足した。ここで当時の背景を簡単に説明しておこう。88年9月に昭和天皇が吐血され、その後も発熱や出血が続いてご病状は予断を許さない状況になり、自粛ムードが漂っていた。そこに生まれた真空状態を埋めるため「こんな夜は一番大切な人のそばにいたい」というメッセージを込めたCMを制作したらヒットするのではというのが電通の意図だった。

　「帰ってくるあなたが、最高のプレゼント」をキャッチフレーズにしたホームタウン・エクスプレスのクリスマス編は「クリスマス・イブ」がBGMに使用された。

この楽曲は83年にリリースされたもので、当時は著名ではなく、坂田も当初はこの楽曲を知らなかったが、CMプランナーの強い推薦で選ばれたという。このCMは88年11月に名古屋駅で撮影されたが、主役であり舞台でもある車両には従来のエクスプレス・キャンペーンと同様に100系が起用されたことはいうまでもない。

　冒頭に「HOME-TOWN　EXPRESS」の字幕、旅客の乗降が終わった100系「ひかり」は名古屋駅を発車、彼氏の姿はなくヒロインが落胆しているところに柱の陰から彼氏がムーンウォークで現れ、「帰ってくるあなたが最高のプレゼント」のナレーションと「会うのが、いちばん。」の字幕メッセージ。クリスマス・エクスプレスのプランナーが回想した文献には「日本の広告史上にその名を刻む傑作CM」と記されているが、いい得て妙であろう。自粛ムードのなか忘年会が中止されるなど寂しげだった88年12月に放映されたこのCMは、シンデレラ・エクスプレス以上の人気を博し、権威あるACC全日本CM大賞の栄に浴した。

　「受賞記念パーティで社長の須田が「今回の受賞に当たって、私が唯一やったことは何も口を出さなかったことです」と挨拶しました。やるかやらないかは決めるが、やるとなったら口出ししないで担当者に一切を任せるということですが、これにはスタッフ一同感激したことを憶えています」と坂田は思い出を語った。

　そして「平成」に改元された翌89年3月から、エクスプレス・キャンペーンの第7弾として「時速220キロで、あしたが始まる」をキャッチフレーズとしたファイ

ト！　エクスプレスが放映された。テーマは「新生活へのたびだち」で、2階建て食堂車でコーヒーを飲みながら新生活への思いをはせる主人公を乗せて東京へ向かう100系を舞台に、卒業して新生活をスタートする人たちにエールを送ろう、またとっくの昔に卒業した人たちにも、あの頃を思い出して頑張ってほしいという意味が込められていた。

　また夏の風物詩だったハックルベリー・エクスプレスは、91年から主人公を女の子に変えてマイコのエクスプレスとして放映された。まだ夏を知らない都会っ子の小さいマイコが出会う大きな夏を描き、もうすでに大人になった人もマイコと一緒にあの夏の懐かしい風景を思い出してもらおうという意味が込められ、ハックルベリー以上にほのぼの感の漂う作品に仕上がった。

† JR東海の代名詞となったクリスマス・エクスプレス

　マイコのエクスプレスから時計の針を89年当時に戻そう。この年の12月、クリスマス・エクスプレスに昇格した2作目が制作された。BGMは「クリスマス・イブ」が引き続き使用され、名古屋駅で撮影された。プレゼントと思われる荷物を抱えて名古屋駅構内を走るヒロイン、2階建てグリーン車をバックにホームを歩く彼氏、階段を下りて改札口に向かう彼氏を見つけ、柱の陰に隠れて息を弾ませながら待つヒロイン、「ジングルベルを鳴らすのは、帰ってくるあなたです。X'mas eXpress」のナレーション。当初はヒロインと彼氏がホームで出会う筋書きだったが、同様なシチュエーションが他社の

CMに先を越されてしまったので、プランナーの原体験に基づいて柱の陰に隠れるシーンに変わったというが、当時の名古屋駅の柱は円筒形だったので、CMのために四角形の柱のセットを制作したと坂田は補足した。ところで柱の陰に隠れるヒロインは大切そうに細長い包みを抱えている。リボンが付いていることから彼氏へのプレゼントと想像できるが、それにしても不自然？ に大きい。プレゼントの中身が気になったので坂田に尋ねたところ、ネクタイという設定だったと答えてくれた。

　新幹線を舞台に再会する恋人たちの恋愛模様を情感豊かに描いたCMは、年末の風物詩と呼べるほど人気を集め、それまで「家族一緒にケーキを食べる日」だったクリスマスを「恋人たちが愛を確かめ合う日」に変え、新しい社会現象を巻き起こした。そして「クリスマス・イブ」は、発売から7年目の89年にヒットチャート1位に輝いたのである。

　前作に続いて2年連続ACC全日本CM大賞の栄に浴するという離れ業をやってのけたクリスマス・エクスプレスは就職戦線にも大きな好影響を及ぼし、ある就職情報サービス会社の調査では90年に学生の人気企業ランキング（文系）でJR東海は第1位を獲得した。さらにJR東海の社員にとっても家族から「お父さんの会社のCMが学校で評判になっているよ」と言われるようになった。こういう家族の言葉ほど嬉しいものはない。「うちの会社は良かったな」と社員の満足度向上、ひいては意欲向上に大きな貢献を果たしたのである。

　クリスマス・エクスプレスはストーリー性のある状況

を設定し、等身大の広告によって共感を得るため、エクスプレス・キャンペーンのヒロインはアイドルタレントやキャラクターは起用しない方針だったが、88年・89年のクリスマス・エクスプレスが大ヒットし、起用されたヒロインの深津絵里、牧瀬里穂が一躍スターダムにのし上がったことから、JR東海のCMは新人の登竜門と呼ばれるまでになった。

2年連続ACC全日本CM大賞を受賞したクリスマス・エクスプレスの次回作への期待が高まるなか、90年12月に放映された3作目は、自宅玄関のドアに貼られた彼氏からの伝言を見て、満面に笑みをたたえて待ち合わせ場所に向かうストーリー性の高い作品、91年12月に放映された4作目もヒロインが新幹線の改札口で彼氏を待つストーリー性の高い作品が制作された。

そしてクリスマス・エクスプレス最終作品となる5作目が92年12月に放映された。従来と異なりヒロインが「ひかり」に乗って彼氏のもとを訪れるストーリーで、「チーズ」のポーズで写真を撮影して乗車するヒロインを乗せた100系は名古屋駅に到着、100系が発車するなか手を振る彼氏の姿を眼にして目を潤ませながら「チーズ」とつぶやくヒロイン、「会えなかった時間を今夜取り戻したいのです。クリスマス・エクスプレス」のナレーション。このシーンの冒頭で写真ボックスを出たヒロインがギターケースを持った中年らしき男性とぶつかりそうになるが、この男性を「クリスマス・イブ」の山下達郎本人が演じていたと坂田は種明かしした。

ところで100系の後継車300系は92年3月ダイヤ改

正で営業運転に就役し、早朝夜間に「のぞみ」で運転が開始された。これに伴い「シンデレラ・エクスプレス」が「のぞみ」に置き換わり、東京発時刻が18分遅い21: 18発になって恋人たちが一緒に過ごせる時間が長くなったことをアピールするため、シンデレラ・エクスプレス '92 が92年3月から4月まで放映された。しかし前作のヒットがプレッシャーになったのか、プランナー・クライアントともウケを狙った演出に走り、いま一つヒットしなかったと坂田は回想した。

　JR東海の知名度向上など当初の目的は十二分に果たし、経営基盤として一つのステージが終わったことから、翌93年からはバブル崩壊の景気低迷下で営業施策に合致した需要喚起につながる広報宣伝活動にシフトし、「そうだ　京都、行こう。」などのキャンペーンに進化していった。こうして92年12月に放映されたクリスマス・エクスプレス5作目を最後にエクスプレス・キャンペーンは大団円を迎えたのである。坂田も広報担当から財務部門に異動してCM制作から離れたが、87年に放映されたシンデレラ・エクスプレスの撮影終了後、熱心な仕事ぶりが認められたご褒美としてヒロインが持っていたガラスの靴を譲り受けた。この靴は長らく、広島の女性と所帯を持った坂田の自宅リビングに飾られていたが、2014年の東海道新幹線開業50周年を機にリニア・鉄道館に寄贈されたのである。

第7章

100系新幹線電車の進展

1 カフェテリア車を組み入れた JR 東海 G 編成の誕生

†新しい供食体制の模索から生まれたカフェテリア

　JR グループ発足初年度の 1988 年 3 月に全国規模でダイヤ改正が実施された。東海道・山陽新幹線では新富士・掛川・三河安城・新尾道・東広島駅が開業したほか、4 月に開業する瀬戸大橋線をはじめとした在来線との接続改善に重点を置いたダイヤ改正が実施されることになった。JR 東海の発足当初は 100 系 3 編成を 87 年度に発注して 88 年度に投入する、国鉄時代でいう債務発注で計画されていたが、「61.11 ダイヤ改正」の時間短縮効果、当時の好景気で東海道新幹線利用客が順調に増加するなど、経営状況は良好に推移していることから計画が前倒しされ、88 年 3 月ダイヤ改正で 0 系置換え及び増発用として 100 系 3 編成が増備されることになった。単純に考えれば X 編成の増備になるが、当時の好景気を背景にグリーン車の利用率が高くなっている一方で、食堂車の利用率が頭打ちとなっていたことなどから、新しい供食サービスを検討する事業準備室が 87 年夏に発足した。

　1970 年に国鉄に入社して JR 東海発足時には新幹線鉄道事業本部車両部管理課長に在籍し、事業準備室発足と同時に異動した大西貢は、「グリーン車の定員を増やすには 2 階建て食堂車を 9 号車と同一構造のグリーン車に置き換えれば簡単ですが、せっかく民営になったのだか

写真 7-1　豊橋駅を発車する 100 系 G 編成（寺本光照提供）

ら事業面・サービス面を考えて、食堂車に代わる供食体
制をどうするかの検討からはじめました。議論のなか
で、食堂車に代えて 1 階部を供食サービスの空間にした
2 階建てグリーン車を組み入れる案が出ました。そこで
2 階建てグリーン車の 1 階部をカフェテリアにする案を
トップに報告したところ「やってみろ」ということにな
ったのです」と当時を語った。当時の駅弁の評判が良く
なかった理由の一つに、購入客の嗜好を考えずに総菜を
詰め込んで提供しているからと大西は考え、総菜をバラ
バラに提供して購入客に好きなものを選んでもらえるよ
うにしよう、というのがカフェテリアの発想の原点だっ
たと補足した。

　「事業準備室に絵を書ける若手メンバーがいたのでカ
フェテリアのイメージパースを書いてもらい、トップに
報告しました。反対意見は出ませんでしたが、事業準備
室に供食事業の経験者は当然ながら一人もおらず、内心
は心配されていたようです」と大西は当時の模様を語っ

たが、こうして87年8月に8号車の食堂車をカフェテリア車に変更し、グリーン車を3両に増強した新編成の増備が決定された。

「カフェテリアの2階建て車両は、87年度に増備する3編成で試行する、その結果をみて88年度以降の増備車をどうするか検討するとい

写真7-2　カフェテリア検討時のパース（JR東海100'系パンフレット）

う計画でした」と大西は経緯を語ったが、カフェテリアの評判が芳しくなければ、9号車と同様な個室に改造する、あるいは他のバリエーションに改装する計画だったと補足した。カフェテリア車導入に伴い、車内営業などを行うJR東海100％出資の子会社㈱パッセンジャーズ・サービス（SPS、現在のジェイアール東海パッセンジャーズ）が87年9月に誕生し、カフェテリアのデザインはSPSが担当した。

「カフェテリア全体のデザインを議論するなかで、通り抜けるお客様と買いに来られるお客様を分離するよう、最初は壁を作るか検討しましたが、シミュレーションしてみると圧迫感のあることが分かりました。議論のなかで「柱を設けて分離すればいいのでは」との意見が

表7-1　100系G編成時刻表（1988年3月）

列車番号・列車名	東京		新大阪	記事
343A　ひかり343号	8:44	→	11:48	
347A　ひかり347号	11:12	→	14:16	
325A　ひかり325号	18:12	→	21:12	
315A　ひかり315号	21:00	→	23:49	X編成
260A　ひかり260号	9:16	←	6:12	
320A　ひかり320号	10:28	←	7:22	X編成
348A　ひかり348号	17:48	←	14:44	
352A　ひかり352号	19:48	←	16:44	

写真7-3　カフェテリア室内（リニア・鉄道館提供）

出て、この案を採用しました」と、SPSに移籍した大西は経緯を語った。JR東海新幹線鉄道事業本部車両部との設計会議では、重量バランスやショーケースの業務用冷蔵庫の温度設定などが問題となったが、冷蔵庫メーカの協力もあって解決できた。また0系で使用されていたコーヒーマシンは、冷めないように温度を高く設定しているため美味しくないという意見が寄せられていた。カフェテリア車では低めの設定で長時間もたせるコーヒーマシンへの変更と併せて豆の材料を含めた抽出方法も変更し、いつでも美味しいコーヒーが提供できるように改良された（折込図⑨⑩参照）。

　88年3月ダイヤ改正用として増備された100系4次車の編成番号は従来のX編成と区別する必要があるため、86年度に一時的に使用されたG1〜が再度付与され

た。100′系と通称されたG編成は、表7-1のように東海道区間の東京〜新大阪間3往復で運転されるようになった。試行的にスタートしたカフェテリアだったが、食事時間帯にはレジ前の行列が隣の車両まで延びるほどの盛況を示したのである。なお従来は日曜日のみ100系で運転されていたシンデレラ・エクスプレス及びその折返し列車が毎日100系での運転に変更されたほか、シンデレラ・エクスプレスは2時間49分運転に短縮された。

1974年に構想された「元祖カフェテリア車」

　山陽新幹線博多開業に伴いひかり編成に食堂車が連結された当時、食堂車従事員の要員事情が厳しくなり、要員の省力化を考えた食堂車が要望されるようになっていた。フランスではセルフサービス方式のカフェテリア車が導入され、国内でもカフェテリア方式の社員食堂などが導入されていたことから、東京大学の香山寿夫助教授（当時）を委員長とする委員会を設置し、1973〜74年度にかけてカフェテリア方式食堂車が検討された。

　省力化を志向した食堂車は、定員1500人程度の列車の車内供食体制を食堂車、軽食堂車、車内販売の三本立てとし、①軽食堂車の定員は50〜60人とし、従事員は3人とする、②提供品目は5〜6品目とし、

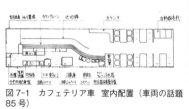

図7-1　カフェテリア車　室内配置（車両の話題85号）

飲み物の販売は自動販売機による、などの条件を定め、図7-1のような設計が固められた。

　この設計に基づいてモックアップが大船工場で製作され、動作解析を行った結果、十分に有用であることが確かめられた。次世代の新幹線供食設備として期待されたが、東海道・山陽新幹線0系では食堂車・ビュフェを組み入れた編成に統一されたため、実現することなく終わった。その後、15年近い星霜を経て100′系カフェテリア車が実現したのである。

† G編成の増備と旅客情報サービスの進化

　JRグループ発足2年を迎えた89年3月にダイヤ改正が実施された。好景気を背景に旅客数が増加していた東海道新幹線では、85年3月ダイヤ改正以降の基本となっていた6-4パターンを7-4パターンとして「ひかり」を増発するとともに「こだま」を12両から16両編成に戻して輸送力増強が実施された。このダイヤ改正で好調だったカフェテリア車を組み入れた100′系G編成（100系5次車）が増備されることになった。12編成192両が増備された5次車は4次車の構造が基本的に踏襲されたが、9号車2階建てグリーン車個室にグループ利用できる4人個室が要望されていたことから構成が見直され、1人個室2室が4人個室に変更された。

　「89年度増備の5次車から個室の構成が変わったので、88年度増備の4次車G1〜G3編成も1人個室を4人個室に改造しました。このため5次車のG編成の一部をダイヤ改正より早く納入して先行営業運転に使用

し、その間にG1〜G3編成を浜松工場で4人個室に改造しました」と、小河原誠の後輩で1981年に川崎重工業に入社し、新幹線電車などの車両設計に携わった栗山敬は経緯を語った。なおG編成と編成構成・運用が異なるX編成9号車の個室は改造せずに従来の構成で使用された。

東海道・山陽新幹線の列車無線システムは空間波方式が使用されていたが、設備老朽化・容量不足を抜本的に解決するため、東北・上越新幹線で実績のあるLCX（漏洩同軸ケーブル）への更新が国鉄時代の85年からスタートした。LCXは同軸ケーブルに伝送される電気信号が外部に放射されるよう、外部導体に電波の漏れ機構を設けたケーブルで、89年3月に東海道新幹線全線敷設が完了した。LCX化に伴い通話品質が改良されたほか、列車電話のチャネル数の増加が図られた。従来は東海道新幹線全体での通話可能数は30人までで、沿線13都市に限られていたが、LCX更新後は190人まで通話できるようになったほか、全国に即時通話が可能なように改良された。82年11月に開催された第7回車両研究会で島秀雄委員が発言した「列車から電話をかけるのに最もビジネス客が多い東海道新幹線が全国にかけられないのはおかしい。モデルチェンジ車では通話範囲の見直しが必要であろう」の提言はJR東海で実現したのである。こうして100系では後述する6次車から2・4・6・14・16号車に電話機が増設されたほか、5次車以前の車両も増設工事が施行された。LCX化に伴い文字情報ニュース・ラジオ放送も提供されるようになり、文字情報

ニュースは3月14日から、ラジオ放送は16日から開始された。

　翌89年度には100系6次車が5編成、7次車が11編成の合計256両が増備された。このグループから文字情報ニュース・ラジオ放送受信対応が可能な状態で新製されたほか、環境対策（車外騒音低減対策）としてパンタグラフカバー、2階建て車両との段差カバーが新設された（5次車以前の車両も改造工事が施行された）。続く90年度には8次車が10編成、9次車が4編成の合計224両が増備されたが、9次車以降は環境対策として編成中のパンタグラフ数が6個から3個に半減された。

　パンタグラフ数の半減を説明するため、交流電化のき電方式（電車に電力を供給する回路）に話題を移そう。架線から車両に取り込まれた電流はレールを経由して変電所に戻るが、通信線などに電磁誘導障害を及ぼさないように対策する必要がある。東海道新幹線開業時に採用されたBTき電は、吸上変圧器（Booster Transformer）を用いてレール電流を帰線に導く方式だが、吸上変圧器ごとにブースターセクションを設ける必要があった。その後の技術開発の進展により、山陽新幹線では単巻変圧器（Auto Transformer）を設けてレール電流を帰線に導くATき電が採用された。この方式はブースターセクションが不要で架線構造が単純になること、変電所間隔を長くできるなどの長所があり、東北・上越新幹線にも採用されていた。開業から20年を経過した東海道新幹線の変電設備更新に際してATき電に変更されることになり、約7年の歳月をかけて91年3月に切替えが完了し

た。AT き電では BT き電のセクションを設ける必要が
ないので、特高圧引き通し（パンタグラフ同士を高圧母線で
引き通し、パンタグラフが架線から離れても他のパンタグラフか
ら電気を供給してアークが発生しないようにする方法）が可能
でパンタグラフ使用個数を減らすことができ、アークの
減少と併せて騒音低減が図られたのである。なお8次車
以前の車両も 91 年 4 月以降にパンタグラフ半減化工事
が施行されたことはいうまでもない。

2　2階建て車4両の JR 西日本グランドひかり V 編成

†山陽新幹線の競争力強化を目指した戦略車両の構想

　1987 年 4 月 1 日、JR 東海は 0 系 1339 両と 100 系 112
両の 1451 両、JR 西日本は 0 系 715 両の陣容で発足し
た。当時の東海道・山陽新幹線は、100 系 X 編成が東
京を朝出発して夜帰るのに便利な列車に投入されるなど
東京本位のダイヤ構成で、新大阪起点の本数が少なく速
達列車の「W ひかり」に混雑が集中する反面、山陽区
間で各駅停車となる「ひかり」は乗車率が低かった。運
輸収入の約半分を占める山陽新幹線の競争力強化は JR
西日本にとって重要な経営課題だったことから、東京直
通列車を重視しつつ山陽区間内の増発に努め、航空機対
策として高速化を図っていくことを基本戦略に定め、発
足初年度の 88 年 3 月ダイヤ改正で新大阪・博多を朝夕
に発車する速達ひかりが運転されることになった。

　「新大阪〜博多間「ひかり」は 16 両では輸送力が過剰
になるので、普通車のみの 6 両に短編成化してしゃれた

半室ビュフェを組み入れ、全席回転可能な横幅の広い2人＋2人掛のシートに取り替えたのです」と、1968年に国鉄に入社し、福岡市交通局に出向して九州初となる地下鉄車両の設計などに携わり、JR西日本発足時には車両部車両課長に在籍した森下逸夫は経緯を語った。こうして0系の改造車ながら外部色も100系と同様な子持ちのラインに変更され、新大阪～博多間を2時間59分で結ぶ「ウェストひかり」6両編成が88年3月ダイヤ改正で営業運転を開始した。便利な運転時間帯やグレードアップされたシートなどお得感のある設備が人気を博して高い乗車率を示したことから、8月にはグリーン車1両を組み入れた12両編成の「ウェストひかり」も運転を開始した。

　一方、博多を朝出発して夜帰るのに便利な「Wひかり」は、JR西日本が承継した0系ひかり編成が使用されていたが、博多本位の列車に新車導入の検討がスタートし、JR西日本で100系が増備されることになった。ところで民営化直前の87年にX6・X7編成が完成したが、「このX6・X7編成はJR西日本が継承する案もありました。しかし先頭車が付随車の100系X編成では将来の段落ち、つまり山陽「こだま」のような短編成化を考えると、先頭車が付随車の4M2Tでは1ユニットカット時は使えないという話もあって、JR西日本では承継しないことにしたのです」と、車両設計事務所から西日本旅客鉄道設立準備室を経て、JR西日本車両部車両課に異動した八野英美は経緯を語った。一方、東海道新幹線で運転を開始したカフェテリア車G編成はグリ

ーン車が３両組み入れられていた。博多本位の「Ｗひ
かり」に使用する100系について、ＪＲ西日本副社長
（当時）の井手正敬から森下は直々に指示を受けた。

　「岡山・広島〜東京間の競争力強化のため時間短縮が
必要なこと、この区間は３〜４時間かかるので食堂車は
必要なこと、車内でお客様が退屈しないようにするこ
と、そしてビジネス客だけでなく多様なお客様のニーズ
に対応することなど、山陽新幹線にふさわしい車両を開
発するようにとの命題をいただきました」と森下は語っ
た。こうして編成は①先頭車を電動車とし、１〜６号車
と11〜16号車は普通車の電動車とする、②中間の７〜
10号車は全て付随車の２階建てとする、③食堂車はＸ
編成と同じ８号車、グリーン車はＧ編成と同じ３両
（７・９・10号車）とし、グリーン車１階部はオープンスペー
スの普通車とする、などの構想が定められた。

　「ＪＲ西日本の在来線電車は、近畿圏の長大編成からロー
カル線区の短編成までフレキシブルに使用できるよう
に設計しています。新幹線も同様で、当初は東海道区間
直通の16両で使用し、将来の新形式車置換え時は山陽
区間の短編成で使用できるように考えておく必要があり
ます。したがってＪＲ東海100系と異なり先頭車を電動
車とし、将来の転用時にも大規模な改造をすることな
く、車両の寿命を全うさせるように考慮したのです」
と、森下は経緯を語った。

　編成は従来の100系と同じ電動車12両と付随車４両
の12M4T編成とし、グリーン車３両は全て２階建て車
両の２階部に配置して旅客が通り抜けない静かで快適な

写真7-4　100N系1階部の普通車室内（JR西日本100N系パンフレット）

空間が提供された。またグリーン車の1階部は、山陽区間での需要や編成定員を考慮して個室は採用せず、オープンタイプの普通車に変更された。1階部のため必ずしも良くない展望性をカバーする意味から、普通車としては破格のビデオサービスが提供され、前後の壁にビデオ放映用テレビまたはスクリーンが設けられた。

　100N系と称されたJR西日本100系増備車の性能は、博多～新大阪間の更なる時間短縮を図るため山陽区間での最高速度を230 km/hとし、また将来の速度向上を考慮して270 km/hで走行できる性能をもつように計画されたのである。

†目指したものはアメニティ向上と最高速度向上

　JR西日本100N系は、従来の100系を基本に設計が進められた。エクステリアは100系の先頭形状をブラッシュアップする案も当初は検討されたが、東海道・山陽新幹線の新しい顔として定着していた「100系顔」が踏襲された。グリーン車2階部・普通車や食堂車などの車体設備は100系X編成の構造を踏襲したが、インテリアは全体的に都会的イメージとし、グリーン車はクロス貼りの壁で落ち着きのある雰囲気を作り、普通車のシート表地はビジネス客だけでなく女性層やファミリー層を考慮して、1両おきにブルー系とローズ系の色調とした。2階建てグリーン車1階部の普通車は、ウェストひかりと同様な2人＋2人掛けのシートが採用され、ビジネス客を考慮して落ち着きと渋みのあるモスグリーンを基調とした。食堂車も幅広い層の旅客の利用を考慮してバイオレット系を基調とし、エントランスは瀬戸内海をイメージしたマリンブルー系を基調とした。

　「食堂2階部のエントランスの対向側には、X編成と同様に非常口を設けています。この非常扉部にアクセントが欲しいと考え、製作を担当した川崎重工業にお願いして造花を取り付けていただきました。それと床面は明るい色にしたかったので、床敷物メーカから提案のあったジグザグ模様を採用したのです」と、車両設計事務所からJR西日本車両部車両課に異動して100N系の車体設計に携わった太田芳夫は経緯を語った。腰掛もしゃれたスタイルは若手メンバーからの提案で背ずりの高いタイプを選定したと補足した。

2階建てグリーン車1階部の普通車はウェストひかりと同様な2人＋2人掛けのシートが採用され、1階部普通車のシートピッチは一般の普通車と同じ1040㎜（ウェストひかりは0系30次車と同じ980㎜）で配置して32人の定員が確保された。インテリアはビジネス客を考慮して落ち着きと渋みのあるモスグリーンを基調とした。ところで100系のグリーン車・普通車の客室照明は長手方向に取り付けられているが、グリーン車1階部は横手方向に取り付けられている。この理由を太田に尋ねたところ、1階部の天井には横手方向にさんが通っている関係で横手方向に配置せざるを得なかったためだったと説明した（折込図⑪⑫参照）。

　100N系は88年度に2編成が増備され、編成番号は新たにV1〜が付与されたが、この2編成のうちV1編成は弱め界磁制御（スピードを出すため主電動機の界磁を弱めて回転数を増す制御）を採用するなど、270km/h運転が可能なように設計・製作された。

　「100N系は、X編成の主回路をベースにして弱め界磁制御を採用しました。これに伴って主電動機のフラッシュオーバ（火花によるショート）が発生しやすくなるので、三菱電機にお願いして試験をさせてもらい、問題ないことを確認して採用しました」と八野は経緯を語ったが、270km/hで走行できる性能をもたせるため弱め界磁のほか、主電動機のギヤ比を小さくしたこと、主変圧器などの冷却風量を向上したこと、ECBディスクの温度上昇防止のため強制風冷方式を採用したことなど、の設計変更が施された。ところで民営化とともに施行され

た鉄道事業法では、JR各社で新設計された車両は車両確認申請書を提出しなければならないと定められた。

「X6・X7編成を承継していたら確認申請の必要はなかったのですが、100系の新製はJR西日本では初めてなので、運輸省に申請書を提出しました」と八野は語った。230 km/h対応（270 km/hは準備工事）のV2編成をA編成と称して最初に申請し、その結果に基づきB編成と称した270 km/h対応のV1編成を変更確認として申請したと補足した。ところで100N系の最高速度は、東海道区間では従来と同じ220 km/h、山陽区間では230 km/hで計画されたが、86年11月ダイヤ改正以降は表5-2のように東海道・山陽区間ともATCの210信号を220に読み替えていた。そのためJR東海・西日本の境界付近にトランスポンダ（線路上に設置した地上子と車両に取り付けた車上子との間でデジタル情報伝送を行なう装置）を設置し、山陽区間では210信号を230に読み替える方式が採用されることになった。V編成完成前の88年10月、JR東海X7編成を借用してトランスポンダを仮設し、230 km/h走行時の車両性能、騒音、走行安定性、トランスポンダ性能などの確認試験が実施され

写真7-5　先頭部にパンチング穴のない100N系先頭車（JR西日本100N系パンフレット）

表7-2　100系V編成時刻表（1989年3月）

列車番号・列車名	東京	新大阪	博多
11A　ひかり11号	15:00　→	17:58　→	20:47
29A　ひかり29号	16:00　→	18:58　→	21:52
2A　ひかり2号	14:32　←	11:36　←	8:45
4A　ひかり4号	15:32　←	12:36　←	9:45

た。その後も約半年にわたってトランスポンダの試験が続けられ、受信レベルなどの信頼性に問題ないことが確かめられた。100N系第1陣のV2編成は89年2月10日の公式試運転に続いて、18日から25日に山陽区間で230km/h試験を実施し、車両性能、走行安定性などが確認された。この試験結果は問題なかったが、先頭の電動車に問題が発生した。

　「先頭車の主電動機は先頭部に冷却用送風機を設けたのですが、走行試験で冷却風が十分に取り込まれないことが分かりました。この対策としてノーズコーン下部にパンチング穴をあけて風を取り込むことにしました。したがって先頭部の「喉元」の穴の有無で100N系が判別できるようになったのです」と太田は経緯を語った。

写真7-6　姫路駅を通過する100系V編成グランドひかり（寺本光照提供）

100N系パンフレットには、先頭部にパンチング穴のない写真が掲載されているが、これは完成直後の貴重なひとコマなのである。

　こうして迎えた89年3月にダイヤ改正が実施された。100N系V編成使用列車は「グランドひかり」とネーミングされ、表7-2のように2編成使用（予備編成なし）で時間帯の良い2往復に投入された。山陽区間の最高速度は230km/hとし、新大阪〜博多間は2時間49分、東京〜博多間も5時間47分に短縮された。なおこのダイヤ改正でG編成の運転区間は広島まで拡大されたほか、東海道区間「こだま」の12両から16両への編成増強が89年4月から順次実施された。

コラム6 「We try 275」の高速試験とボルスタレス台車

　JR西日本では、次期新幹線電車の開発に必要なデータ収集、また100N系による速度向上の可能性を見極めるため、270km/h対応のV1編成を使用して275km/h速度向上試験が90年1月から3月にかけて徳山〜新下関間で実施された。2月10日には当時の営業用車両の国内最高速度記録277.2km/hをマークし、力行・ブレーキ性能、乗り心地なども問題ないことが確かめられた。しかし騒音についてはパンタグラフを半減してカバーを取り付けるなどの対策を施したものの、260km/h以上の高速走行時には基準値の75デシベルを上回り、当初目標とした100N系による新大阪〜博多間2時間30分台での営業運転は実現することなく終わった。これに続いて91年1月から2月にか

写真7-7　100N系275km試験時に掲出された
ステッカー（JR西日本提供）

けて、山陽新幹線トンネル内の乗り心地改良を目指して試作した台車を使用して徳山〜新下関間で走行試験が実施され、7月と10月には高速域での集電性能及びパンタグラフ周りの空力音低減のための基礎データを収集する走行試験が小郡〜新下関間で実施された。

　この一連の試験ではボルスタレス台車が試用された。車体と台車枠の間で車体重量を支持する枕ばり（ボルスタ）を省略して車体と台車枠をばね（一般に空気ばね）で直結した方式の台車で、構造がシンプルなこと、軽量化や省力化が可能なことなどの特長があり、80年代初頭から在来線電車で実用化されていた。新幹線電車用も国鉄時代から開発がはじまり、民営化後も88年から100系X編成で営業運転に試用されるなど実用化に向けた開発が進められた。100N系の試験で良好な結果が得られたことから、100系の後継車300系で実用化されたのである。

3　全盛期を迎えた100系

†東海道・山陽新幹線の主力に成長した100系

　89年3月に続いて実施された90年3月ダイヤ改正で

は「ひかり」が増発されたほか、東京〜新大阪間16本の「ひかり」が2時間52分に短縮された。翌91年3月ダイヤ改正では乗車率の高い東京毎時00分発の「Wひかり」を04分発として00分発には東京〜新大阪間「ひかり」が増発された。このダイヤ改正に先立つ90年11月、100N系1編成のグリーン車に5インチの個人用液晶テレビが取り付けられ、「ひかり21号・6号」でビデオ放映サービスが開始された。

　「車内で楽しんでもらえるよう、2階建てグリーン車のひじ掛けに収納式テレビを取り付けたのです。当時は5インチサイズの液晶テレビが商品化されたばかりの頃でした」と森下は経緯を語ったが、東海道区間と異なり空席が目立つ山陽区間でのグリーン車利用増を図るためのJR西日本のアイデアだったと当時の新聞は報じた。翌91年3月ダイヤ改正までに「グランドひかり」全編成に液晶テレビが取り付けられたが、JR西日本とJR東海の旅客サービスへの考え方の違いにより、ビデオ放映サービスは山陽区間のみで提供された。

　その後も利用客の増加が予想されたことから、翌92年3月ダイヤ改正では8-3パターンとして「ひかり」が増発された。併せて300系「のぞみ」の運転が開始されたが、この時点での300系は3編成と少ないため終日にわたっての運転は不可能なことなどから、300系の高速性能が最大限発揮でき、他の列車に与える影響が小さい早朝夜間に東京〜新大阪間各1往復が設定された（表7-3参照）。

　このダイヤ改正用として100'系と100N系が引き続き

表7-3　92年3月ダイヤ改正100系運転時刻表（定期列車のみ）

列車番号・列車名	東京	新大阪	博多	記事
151A　ひかり 151 号		7:00　→	9:54	V 編成
491A　こだま 491 号		名古屋 6:22　→	広島 10:01	G 編成
1A　ひかり　 1 号	6:07　→　 8:58　→		12:01	X 編成 ◎
101A　ひかり 101 号	6:14　→　 9:18　→		岡山 10:30	G 編成 ◎
201A　ひかり 201 号	7:00　→　 9:52			G 編成 ◎
3A　ひかり　 3 号	7:07　→　10:02　→		12:59	X 編成 ◎
73A　ひかり 73 号	7:10　→　10:11　→		広島 11:58	G 編成 ◎
103A　ひかり 103 号	7:25　→　10:31　→		岡山 11:31	G 編成 ◎
203A　ひかり 203 号	7:35　→　10:32			G 編成 ◎
205A　ひかり 205 号	7:39　→　10:45			G 編成 ◎
207A　ひかり 207 号	8:00　→　10:52			G 編成 ◎
5A　ひかり　 5 号	8:07　→　11:02　→		13:59	X 編成 ◎
209A　ひかり 209 号	8:35　→　11:32			G 編成 ◎
211A　ひかり 211 号	8:42　→　11:46			G 編成 ◎
213A　ひかり 213 号	8:53　→　11:49			G 編成 ◎
215A　ひかり 215 号	9:00　→　11:52			G 編成 ◎
7A　ひかり　 7 号	9:07　→　12:02　→		15:04	X 編成 ◎
77A　ひかり 77 号	9:10　→　12:11　→		広島 13:58	G 編成 ◎
107A　ひかり 107 号	9:25　→　12:31　→		岡山 13:34	G 編成 ◎
217A　ひかり 217 号	9:42　→　12:46			G 編成 ◎
219A　ひかり 219 号	9:53　→　12:49			G 編成 ◎
221A　ひかり 221 号	10:00　→　12:52			G 編成 ◎
11A　ひかり 11 号	10:07　→　13:02　→		15:59	X 編成 ◎
109A　ひかり 109 号	10:10　→　13:11　→		岡山 14:22	G 編成 ◎
223A　ひかり 223 号	10:17　→　13:16			G 編成 ◎
227A　ひかり 227 号	10:42　→　13:46			G 編成 ◎
229A　ひかり 229 号	11:00　→　13:52			G 編成 ◎
13A　ひかり 13 号	11:07　→　14:02　→		16:59	X 編成 ◎
231A　ひかり 231 号	11:42　→　14:46			G 編成 ◎
233A　ひかり 233 号	12:00　→　14:52			G 編成 ◎
15A　ひかり 15 号	12:07　→　15:02　→		17:54	V 編成 ◎
115A　ひかり 115 号	12:10　→　15:11　→		岡山 16:22	G 編成 ◎
83A　ひかり 83 号	12:25　→　15:31　→		広島 17:48	G 編成 ◎
235A　ひかり 235 号	13:00　→　15:52			G 編成 ◎
17A　ひかり 17 号	13:07　→　16:02　→		18:51	V 編成 ◎
115A　ひかり 115 号	13:25　→　16:31　→		岡山 17:31	G 編成 ◎
237A　ひかり 237 号	13:42　→　16:46			G 編成 ◎
239A　ひかり 239 号	14:00　→　16:52			G 編成 ◎
19A　ひかり 19 号	14:07　→　17:02　→		19:56	V 編成 ◎
87A　ひかり 87 号	14:25　→　17:31　→		広島 19:48	G 編成 ◎
241A　ひかり 241 号	14:42　→　17:46			G 編成 ◎

列車番号	列車名					編成	
21A	ひかり 21号	15:07	→	18:02	→	20:51	V編成 ◎
245A	ひかり 245号	15:28	→	18:32			G編成 ○
249A	ひかり 249号	16:00	→	18:52			G編成 ○
23A	ひかり 23号	16:07	→	19:02	→	21:56	V編成 ◎
251A	ひかり 251号	16:21	→	19:16			G編成 ○
253A	ひかり 253号	16:42	→	19:39			G編成 ○
255A	ひかり 255号	16:53	→	19:49			G編成 ○
257A	ひかり 257号	17:00	→	19:52			G編成 ○
25A	ひかり 25号	17:07	→	20:02	→	22:51	V編成 ◎
259A	ひかり 259号	17:10	→	20:09			G編成 ○
261A	ひかり 261号	17:21	→	20:16			G編成 ○
263A	ひかり 263号	17:35	→	20:32			G編成 ○
27A	ひかり 27号	17:53	→	20:51	→	23:51	V編成 ◎
265A	ひかり 265号	18:00	→	20:52			G編成 ○
267A	ひかり 267号	18:07	→	21:00			G編成 ○
123A	ひかり 123号	18:10	→	21:11	→	岡山 22:21	G編成 ○
269A	ひかり 269号	18:17	→	21:16			G編成 ○
271A	ひかり 271号	18:25	→	21:29			G編成 ○
275A	ひかり 275号	18:53	→	21:49			G編成 ○
277A	ひかり 277号	19:00	→	21:52			G編成 ○
279A	ひかり 279号	19:07	→	22:06			G編成 ○
283A	ひかり 283号	19:42	→	22:39			G編成 ○
285A	ひかり 285号	20:00	→	22:52			G編成 ○
289A	ひかり 289号	20:49	→	23:43			X編成 ○
351A	ひかり 351号	21:25	→	名古屋 23:28			G編成
523A	こだま 523号	21:32	→	浜松 23:29			G編成
502A	こだま 502号	7:56	←	三島 7:00			G編成
504A	こだま 504号	8:10	←	浜松 6:18			G編成
506A	こだま 506号	8:21	←	三島 7:25			G編成
508A	こだま 508号	8:32	←	静岡 7:08			G編成
510A	こだま 510号	8:46	←	浜松 6:47			G編成
350A	ひかり 350号	8:25	←	名古屋 6:20			G編成 ○
200A	ひかり 200号	8:56	←	6:00			G編成 ○
202A	ひかり 202号	9:21	←	6:16			G編成 ○
204A	ひかり 204号	9:25	←	6:29			G編成 ○
206A	ひかり 206号	9:35	←	6:39			G編成 ○
208A	ひかり 208号	10:14	←	7:09			G編成 ○
210A	ひかり 210号	10:21	←	7:26			G編成 ○
212A	ひかり 212号	10:32	←	7:29			X編成 ◎
214A	ひかり 214号	10:39	←	7:46			G編成 ○
218A	ひかり 218号	11:17	←	8:22			G編成 ○
74A	ひかり 74号	11:32	←	8:39	←	広島 7:04	V編成 ◎
220A	ひかり 220号	11:39	←	8:46			G編成 ○
222A	ひかり 222号	11:46	←	8:49			G編成 ○

列車	名称	時刻		経由	編成	
224A	ひかり224号	11:56 ← 8:52			G編成	○
76A	ひかり76号	12:28 ← 9:29	←	広島 7:40	G編成	○
2A	ひかり2号	12:32 ← 9:39	←	6:43	V編成	◎
230A	ひかり230号	12:46 ← 9:49			G編成	○
232A	ひかり232号	12:56 ← 9:52			G編成	○
106A	ひかり106号	13:28 ← 10:29	←	岡山 9:12	G編成	○
4A	ひかり4号	13:32 ← 10:39	←	7:43	V編成	◎
254A	ひかり254号	13:39 ← 10:46			G編成	○
256A	ひかり256号	13:56 ← 10:52			G編成	○
108A	ひかり108号	14:14 ← 11:09	←	岡山 10:08	V編成	◎
6A	ひかり6号	14:32 ← 11:39	←	8:48	V編成	◎
8A	ひかり8号	15:32 ← 12:39	←	9:43	V編成	◎
240A	ひかり240号	15:39 ← 12:46			G編成	○
242A	ひかり242号	15:56 ← 12:52			G編成	○
112A	ひかり112号	16:14 ← 13:09	←	岡山 12:12	V編成	◎
12A	ひかり12号	16:32 ← 13:39	←	10:43	V編成	◎
244A	ひかり244号	16:56 ← 14:00			G編成	○
84A	ひかり84号	17:14 ← 14:09	←	広島 11:50	G編成	○
114A	ひかり114号	17:28 ← 14:29	←	岡山 13:12	V編成	◎
14A	ひかり14号	17:32 ← 14:39	←	11:48	V編成	◎
248A	ひかり248号	17:39 ← 14:46			G編成	○
250A	ひかり250号	17:46 ← 14:49			G編成	○
252A	ひかり252号	17:56 ← 14:52			G編成	○
254A	ひかり254号	18:03 ← 15:06			G編成	○
256A	ひかり256号	18:17 ← 15:22			G編成	○
16A	ひかり16号	18:32 ← 15:39	←	12:39	X編成	◎
258A	ひかり258号	18:39 ← 15:46			G編成	○
260A	ひかり260号	18:56 ← 15:52			G編成	○
262A	ひかり262号	19:03 ← 16:06			G編成	○
88A	ひかり88号	19:14 ← 16:09	←	広島 13:52	G編成	○
18A	ひかり18号	19:32 ← 16:39	←	13:35	X編成	◎
264A	ひかり264号	19:39 ← 16:46			G編成	○
266A	ひかり266号	19:56 ← 16:52			G編成	○
268A	ひかり268号	20:03 ← 17:06			G編成	○
120A	ひかり120号	20:14 ← 17:09	←	岡山 16:07	G編成	○
20A	ひかり20号	20:32 ← 17:39	←	14:40	X編成	◎
270A	ひかり270号	20:39 ← 17:46			G編成	○
272A	ひかり272号	20:56 ← 17:52			G編成	○
274A	ひかり274号	21:10 ← 18:06			G編成	○
122A	ひかり122号	21:28 ← 18:29	←	岡山 17:15	G編成	○
22A	ひかり22号	21:32 ← 18:39	←	15:40	X編成	◎
276A	ひかり276号	21:39 ← 18:46			G編成	○
92A	ひかり92号	21:56 ← 18:52	←	広島 16:22	G編成	○
278A	ひかり278号	22:10 ← 19:09			G編成	○
280A	ひかり280号	22:17 ← 19:22			G編成	○

26A ひかり 26 号	22:32	←	19:39	←		16:35	X 編成 ◎
284A ひかり 284 号	23:10	←	20:09				G 編成 ○
492A こだま 492 号		静岡 23:28	←	岡山 19:41			G 編成
28A ひかり 28 号	23:35	←	20:39	←		17:35	X 編成 ◎
494A こだま 494 号		名古屋 23:08	←	広島 19:34			G 編成
150A ひかり 150 号						19:00	V 編成

凡例 ◎：食堂車営業列車／○：カフェテリア営業列車
※ 上記のほか「こだま 378 号（博多 21:46→広島 23:25）」は、100 系で運転する日もあり

参考 300 系使用「のぞみ」時刻表（1992 年 3 月）

列車番号・列車名	東京		新大阪		博多	記 事
301A のぞみ 301 号	6:00	→	8:30			
303A のぞみ 303 号	21:18	→	23:48			
302A のぞみ 302 号	8:42	←	6:12			
304A のぞみ 304 号	23:48	←	21:18			

増備され、100N 系 5 次車では編成中のパンタグラフ数が 6 個から 4 個に削減された（通常は JR 東海 100 系と同様に 3 個使用。なお 5 次車以前の車両もパンタグラフの削減工事が施行された）。このダイヤ改正では東京毎時 07 分発・32 分着の「W ひかり」が全列車 100 系で運転されるようになり、X 編成は東京〜博多間 6 往復、東京〜新大阪間 1 往復に、V 編成は東京〜博多間下り 7 本上り 6 本、広島〜東京間上り 1 本、新大阪〜博多間 1 往復に使用され、表 7-3 のように東海道区間「ひかり」は約 70％ が 100 系で運転されるようになった。東京発着「ひかり」は全列車で食堂車・カフェテリアが営業され、300 系「のぞみ」の運転が開始されたとはいえ、100 系は名実ともに東海道・山陽新幹線の主役の座を不動のものにした。

「新幹線は 1 系列で 50 編成くらい持たないと部品の整備、運用とか修繕時のロットといった面でコストがかさ

表 7-4　100 系新幹線 年度別新製実績

年度	国鉄・JR 東海	JR 西日本
1984	量産先行車 X0 編成　注1	
1986	1 次車（初代 G1〜G4 編成）　注2 2 次車（16 両化用増備車）　注2 3 次車（X6・X7 編成）	
1987	4 次車（G1〜G3 編成）	
1988	5 次車（G4〜G15 編成）	1 次車（V1〜V2 編成）
1989	6 次車（G16〜G20 編成） 7 次車（G21〜G31 編成）	2 次車（V3〜V4 編成）
1990	8 次車（G32〜G41 編成） 9 次車（G42〜G45 編成）	3 次車（V5 編成） 4 次車（V6〜V7 編成）
1991	10 次車（G46〜G50 編成）	5 次車（V8〜V9 編成）

注1：1986 年度の量産化改造で、編成番号を X1 に変更
注2：3 次車の 4 両 4 編成を G1〜G4 編成に組み入れ、編成番号を X2〜X5 に変更

むので、JR 東海が発足してから 100 系を増備して 0 系を取り替えることにしたのです」と須田は語ったが、92年 3 月ダイヤ改正まで表 7-4 のように JR 東海 100′ 系は 50 編成、JR 西日本 100N 系は 9 編成が増備された。しかし JR 東海は 92 年 3 月ダイヤ改正用 3 編成に続いて、翌 92 年度に 300 系量産車 11 編成を発注し量産体制に入ったと 91 年 8 月に報道された。そして 100 系の増備が 91 年度を最後に打ち切られ、92 年度以降は 300 系に移行するニュースを、一部新聞は「ムードがスピードに負けた」の見出しで報じたが、かくして 92 年 2 月に完成した 100′ 系 G46 編成が 100 系にとって最終増備車となったのである。

1 300系「のぞみ」の誕生

† 第2次モデルチェンジ車を目指した300系

　JR東海は速度向上プロジェクトチームを88年に設置し、最高速度 270 km/h、東京〜新大阪間 2 時間 30 分運転ダイヤの検討がスタートし、国鉄時代から進められていたスーパーひかり（300系）の開発が本格化した。この 300 系は主回路システムに満を持して VVVF インバータ制御を採用し、技術的に課題の多い交流回生ブレーキも実用化された。アルミニウム合金車体の採用などによる軽量化、空調装置の床下移設による低重心化を徹底したほか、先頭形状はスカート部まで含めて一体的な形状が採用された。また台車は 100 系の試験で良好な結果が得られたボルスタレス台車を採用し、高速走行安定性と軽量化が図られた。

　100 系では客室のモデルチェンジ（第 1 次モデルチェンジ）が実現していたが、300 系では走行機能全般の改良や車体軽量化など、第 2 次完全モデルチェンジを目指したのである。300 系はすべて平屋の 16 両編成で、グリーン車は 100 系 G 編成と同様に 3 両とし、カフェテリアを廃止して売店・車販基地を編成中に 2 か所配置したシンプルな構成に変更され、定員はグリーン車（3 両）200 人、普通車（13 両）1123 人の 1323 人が確保された。

　89 年度に誕生した 300 系量産先行編成は基本的性能を確認するための速度向上試験が実施され、91 年 2 月

には当時の国内最高速度記録325.7 km/hをマークする一方、91年には台車を主体とした各部品の信頼性を確認する長期耐久試験が実施された。これらの成果を結実した量産車を91年度に3編成製作し、92年3月ダイヤ改正で営業運転が開始されることになった。

　ところで民営化後のJR各社は、88年3月ダイヤ改正で博多〜西鹿児島（現在の鹿児島中央）間にデビューした「スーパー有明」のように、新形車両やグレードアップ車両を導入した在来線特急列車には「スーパー○○」の冠愛称が全国的に普及していった。国鉄時代から開発が進められた「スーパーひかり」に範をとったことは想像に難くないが、大部分は従来と特急料金が変わらないお得感のある列車だったのに対し、大幅にスピードアップされる「スーパーひかり」の特急料金は高めに設定されることは必然といえた。

　さらに最高速度270 km/hの「スーパーひかり」は東京〜新大阪間2時間30分となる列車であるという点でも、従来の「ひかり」「こだま」と使命が異なるため、旅客が利用する際に混乱することがないよう、新たな列車愛称名をつける必要があった。このためJR東海は「300系新愛称名検討委員会」を91年7月に設置し、本格的な検討に入った。新しい名称のコンセプトとして「21世紀をにらんだ未来志向のもの」「夢を与えるもの」「日本を代表する列車にふさわしいもの」という三つの柱を定め、約2700の候補から20案の候補が絞られ、最終的には日本旅行作家協会会長（当時）の斎藤茂太、三菱総合研究所取締役相談役（当時）の牧野昇、エッセイ

ストの阿川佐和子の三氏に選考を依頼した。

「お三方との議論で最後まで残った候補が「太陽」と「希望」でした。選考のなかで愛称名は大和言葉（ひらがな書き）がいいという意見が出ましたが「太陽」には大和言葉がありません。一方の「希望」は「のぞみ」です。JR東海の未来にかける夢と大きな期待を担ってデビューする列車であり、お客様にとっても夢と希望に満ちた列車となるよう「のぞみ」を採用することに決まったのです」と須田寛は選考の経緯を語った。ところで「のぞみ」の愛称名は「ひかり」「こだま」と異なり国内の列車で使用されたことはなかったが、戦前から戦中期にかけて朝鮮鉄道や南満州鉄道を走る国際急行の列車名として「ひかり」とともに使用された実績があり、両者ははからずも東海道・山陽新幹線で再会を果たすことになった。そして「スーパーひかり」と仮称されていた列車の愛称は「のぞみ」に決定したこと、従来の「ひかり」より950円高い6090円（東京〜新大阪間）の指定席特急料金を運輸省（当時）に申請したことが91年12月7日の新聞で報道された。

†主役が交代した93年3月ダイヤ改正

1992年3月ダイヤ改正で「のぞみ」は東京〜新大阪間に運転を開始した。下り初列車の「のぞみ301号」は新横浜のみ停車として名古屋・京都を通過することになり、「名古屋とばし」という新語がマスコミを賑わせたが、速達性が人気を博し、早朝深夜にもかかわらず「のぞみ」は50%の乗車率が得られた。一方、「のぞみ」の

東京〜博多間直通運転が実現すれば、東海道・山陽新幹線の輸送体系として効率的であると同時に、航空機との競争力向上が期待された。

当時の「グランドひかり」が3時間43分で結んだ東京〜岡山間のシェアも88年の岡山空港ジェット化以降は徐々に低下していた。また「グランドひかり」が4時間27分で結んだ東京〜広島間も広島空港の郊外移転が予定された93年をターゲットに「4時間の壁」を破ればシェア拡大できると考えられた。山陽区間のスピードアップの早期実現を目指していたJR西日本とJR東海で検討が進められ、93年春から300系「のぞみ」を東京〜博多間で毎時1本直通運転することで合意した。

こうして迎えた93年3月ダイヤ改正では、従来の8-3パターンに「のぞみ」を加えた1-7-3パターンに変更され、東京〜博多間「のぞみ」は毎時56分発・24分着の下り14本・上り13本が設定された。停車駅は従来の「Wひかり」同様に新大阪以西は岡山・広島・小倉のみとし、東京〜岡山間は3時間15分、東京〜広島間は3時間55分、東京〜博多間は5時間4分、新大阪〜博多間は2時間32分に短縮された。「のぞみ」設定に伴い東京〜博多間「ひかり」は表8-1のように削減され、東京8:07、10:07などに発車する「ひかり」の運転区間は東京〜広島間に短縮または広島以西は臨時列車に変更された。

列車ダイヤを作成する専門家は、複雑なグラフ状の線（筋）を引くことから「スジ屋」と呼ばれている。スジを割る（他の列車を退避させて追い抜くこと）はスジ屋の慣

表8-1　93年3月ダイヤ改正 東京〜博多間「ひかり」運転時刻表

列車番号・列車名		東京		新大阪		博多	記　事
31A	ひかり 31 号	6:13	→	9:12	→	12:27	X 編成 ◎
33A	ひかり 33 号	7:07	→	10:06	→	13:19	X 編成 ◎
39A	ひかり 39 号	9:07	→	12:06	→	15:19	X 編成 ◎
43A	ひかり 43 号	11:07	→	14:06	→	17:19	0 系編成 ◎
49A	ひかり 49 号	13:07	→	16:06	→	19:24	0 系編成 ◎
53A	ひかり 53 号	15:07	→	18:06	→	20:55	V 編成 ◎
57A	ひかり 57 号	17:42	→	20:38	→	23:51	V 編成 ◎
30A	ひかり 30 号	12:14	←	9:17	←	6:00	V 編成 ◎
34A	ひかり 34 号	14:14	←	11:17	←	8:26	V 編成 ◎
40A	ひかり 40 号	16:14	←	13:17	←	10:00	V 編成 ◎
44A	ひかり 44 号	18:14	←	15:17	←	12:00	G 編成 ○
52A	ひかり 52 号	20:14	←	17:17	←	14:00	X 編成 ◎
54A	ひかり 54 号	22:14	←	19:17	←	16:00	X 編成 ◎
56A	ひかり 56 号	23:43	←	20:13	←	17:34	X 編成 ◎

凡例 ◎：食堂車営業列車／○：カフェテリア営業列車

参考　300 系使用「のぞみ」時刻表（1993 年 3 月 一部列車のみ）

列車番号・列車名		東京		新大阪		博多	記　事
1A	のぞみ 1 号	6:07	→	8:39	→	11:11	300 系編成
3A	のぞみ 3 号	6:56	→	9:28	→	12:00	300 系編成
27A	のぞみ 27 号	18:56	→	21:28	→	23:59	300 系編成
4A	のぞみ 4 号	11:24	←	8:54	←	6:20	300 系編成
28A	のぞみ 28 号	23:24	←	20:54	←	18:20	300 系編成

用語の一つだが、東京〜博多間「ひかり」は速達列車の使命を解かれて新横浜・新神戸・小郡が（広島発着列車は福山も）停車駅に追加され、広島駅で（東京〜広島間「ひかり」は福山駅で）後続の「のぞみ」がスジを割るようになった。東京〜博多間の運転時分は 92 年 3 月現在と比較して約 20 分スピードダウンしただけでなく、「W ひかり」の列車番号だった 1A・2A など一桁のエースナンバーも 300 系「のぞみ」に譲り、主役の座を 300 系に明

け渡すダイヤ改正でもあった。しかし「ひかり53・34号」1往復だけは新神戸・小郡を通過として博多（東京）まで逃げ切り、100系の意地が伝わってくるかのような走りっぷりを見せた。

95年1月17日、阪神・淡路大震災が発生した。新幹線始発前の早朝に発生したため、旅客に死傷者の出なかったのが不幸中の幸いだったが、京都〜岡山間が不通となった。京都〜新大阪間・姫路〜岡山間は1月20日に復旧したが、高架橋が落下するなど大きな被害を受けた新大阪〜姫路間は復旧までに相当の期間が予測されたため、東海道区間は新大阪折返しとし、山陽区間は姫路〜岡山間は毎時「ひかり」「こだま」各2本、岡山〜博多間は「のぞみ」を除く定期列車の100％運転が確保された。JR西日本だけでなくJRグループ各社・建設関係会社など関係者の支援により新大阪〜姫路間の地上設備復旧が進められ、当初の見通しよりも早い4月8日に開通し、81日ぶりに平常ダイヤに戻った。

阪神・淡路大震災に伴う影響も6月には落ち着き、旅客数が戻るようになった。96年3月ダイヤ改正では朝夕の混雑する時間帯に「のぞみ」が増発された。このダイヤ改正で「ひかり53・34号」も他の「ひかり」と同様に広島駅で後続の「のぞみ」がスジを割るようになった、それは東京から広島以西に直通する全ての「ひかり」を後続の「のぞみ」がスジを割るようになったことを意味していたのである。

一方、93年3月ダイヤ改正からG編成は東京〜博多間で運転されるようになっていたが、その後の300系増

備に伴い、JR西日本に残る0系編成置換えのため、JR東海100'系G編成（7編成）が96年度にJR西日本に譲渡された。そして95年9月に0系「ひかり」は東京〜名古屋間の定期運用が終了、1往復のみ残った名古屋〜博多間の「ひかり」も98年10月に100系G編成に置き換わり、東海道区間での定期「ひかり」は消滅した。

2　100系の落日

† X編成・V編成の引退と食堂車営業の終焉

　JR西日本は山陽新幹線のさらなる競争力強化のため、300km/hの営業運転を目指した試験車（WIN350）を92年度に試作、その成果を集積させた500系量産先行編成が95年度に誕生した。編成や定員は従来の300系と極力合わせ、300km/h運転のための高出力化を考慮して全電動車方式が採用された。車体はアルミニウム合金が採用され、側窓と車体との段差を縮小するなど平滑化が図られたほか、パンタグラフの風切音を低減するためWIN350試験車で試用したTタイプの翼型パンタグラフが採用された。

　高速列車がトンネルに突入するとトンネル内に圧縮波が発生し、それが出口外部に放射される圧力を微気圧波という。500系は微気圧波を小さくするため先頭部から一般車体断面部まで15mの滑らかなロングノーズとしたほか、空気抵抗を減らすため車体断面を円形に近くして断面積を小さくした点が特徴である。

　500系量産先行編成の試験は成功を収め、JR西日本

は500系量産車を製作し、97年3月ダイヤ改正で新大阪−博多間「のぞみ」で運転を開始、当時の国内最高となる300km/h運転（東海道区間は270km/h）で新大阪−博多間を2時間17分で走破した。500系は同年11月には東海道区間に乗入れ、東京～博多間で最速4時間49分という俊足を発揮した。

JR東海・西日本では、300系の後継車両として乗心地・車内静粛性など快適性の向上、車両性能の向上などコストパフォーマンスの高い車両を目指して開発を進め、94年度に試作した300X高速試験車や500系の成果を活かして700系量産先行編成が97年度に誕生した。700系の最高速度は285km/h（東海道区間は270km/h）で500系の300km/hには及ばないが、快適性の向上のほか環境への適合など質的向上が図られた。ユニット方式はコストと信頼性を考慮して3M1T（したがって編成では12M4T）とし、グリーン車2両と両先頭車が付随車となった。編成は300系と同様にグリーン車3両とし、号車ごとの定員を300系と合わせて車両運用効率の向上が図られ、供食サービスは車内販売（ワゴンサービス）に重点を置いて300系に設けられていた売店は廃止された。また先頭形状は微気圧波を低減させるため先頭部長さを300系の6mから8.5mに伸ばし、カモノハシのような形状が採用された。

空力特性改善のため、先頭部長さを8.5mから9.2mに伸ばして外観が少し変わった700系量産車は98年度に誕生、99年3月ダイヤ改正で東京～博多間を最速4時間57分で結ぶ「のぞみ」で運転を開始し、続く10月

表 8-2 97 年 11 月ダイヤ改正 X 編成・V 編成時刻表

列車番号・列車名	東京		新大阪		博多	記 事
353A ひかり 353 号			7:00	→	10:31	V 編成 ◎
101A ひかり 101 号	6:13	→	9:12	→	12:28	X 編成 ◎
103A ひかり 103 号	7:07	→	10:06	→	13:25	X 編成 ◎
107A ひかり 107 号	8:07	→	11:06	→	14:25	X 編成 ◎
111A ひかり 111 号	9:07	→	12:06	→	15:25	X 編成 ◎
115A ひかり 115 号	10:07	→	13:06	→	16:25	X 編成 ◎
121A ひかり 121 号	13:07	→	16:06	→	19:20	V 編成 ◎
123A ひかり 123 号	14:07	→	17:06	→	20:20	V 編成 ◎
125A ひかり 125 号	15:07	→	18:06	→	21:20	V 編成 ◎
127A ひかり 127 号	16:07	→	19:06	→	22:20	V 編成 ◎
475A こだま 475 号	17:10	→	名古屋 20:04			X 編成
251A ひかり 251 号	17:21	→	20:17			V 編成
479A こだま 479 号	18:10	→	名古屋 21:04			X 編成
177A ひかり 177 号	20:14	→	23:11	→	姫路 23:53	V 編成
150A ひかり 150 号	9:52	←	6:43	←	姫路 6:00	V 編成
452A こだま 452 号	10:52	←	名古屋 8:00			X 編成
220A ひかり 220 号	11:14	←	8:17			V 編成
100A ひかり 100 号	12:14	←	9:17	←	6:00	V 編成 ◎
102A ひかり 102 号	13:14	←	10:17	←	7:00	V 編成 ◎
452A こだま 452 号	13:49	←	名古屋 10:55			X 編成
104A ひかり 104 号	14:14	←	11:17	←	8:00	V 編成 ◎
112A ひかり 112 号	17:14	←	14:17	←	10:52	V 編成 ◎
118A ひかり 118 号	19:14	←	16:17	←	12:52	V 編成 ◎
122A ひかり 122 号	20:14	←	17:17	←	13:52	X 編成 ◎
124A ひかり 124 号	21:14	←	18:17	←	14:58	X 編成 ◎
126A ひかり 126 号	22:14	←	19:17	←	15:52	X 編成 ◎
128A ひかり 128 号	23:43	←	20:43	←	17:30	X 編成 ◎
364A ひかり 364 号			22:42	←	19:07	V 編成 ◎

凡例 ◎：食堂車営業列車

　ダイヤ改正での増備に伴い、東京〜博多間の「のぞみ」は全て 500 系・700 系に置き換えられた。
　一方、500 系の東京乗入れが開始された 97 年 11 月現在、100 系 X 編成・V 編成は表 8-2 のように使用され、食堂車の営業は東京〜博多間「ひかり」を中心に続

けられていた。しかし1985年から運転を開始したX編成は、東京〜博多間を1日1往復する高効率運用が続き、この時期には車両の傷みも隠せなくなっていた。このため98年10月ダイヤ改正で「ひかり」運用を終了させ、「こだま」運用に専念することになり、食堂車の営業も「ひかり」運用とともに終了することになった。

「100系の展望レストランも当初は行列ができるくらいの人気でしたが、駅周辺のデパ地下やホーム売店でバラエティに富んだ弁当類が販売されるようになってきました。お客様もデパ地下などで購入してから乗車されるようになり、「のぞみ」が運転を開始した頃には食堂車の利用率も低下していたのです」と須田は当時の事情を語った。品揃えの豊富なデパ地下などで好みの弁当類を購入して乗車し、自席で食事をすませた後はワゴンサービスのコーヒー（ビール）を飲んで仕事の整理かひと眠り……、そういった行動パターンが定着していった。食堂車の廃止を報じる新聞には、シートの掛け心地がよくなり、テーブルが広くなったこともあって、食事のために席を立たなくなったという関係者の談話が紹介された。競合する商業施設が充実するようになると、メニュー数（品数）で食堂車は太刀打ちできなくなることは否定できない。鉄道旅行を愛する者の一人として残念ではあるが、食堂車は時代のニーズに必ずしも合わなくなっていったのである。

さらにX編成は99年10月ダイヤ改正で定期運用から引退し、15年の足跡にピリオドが打たれたが、累計走行距離は約800万キロに及んだ。このレコードは大正

年間に製作されて半世紀走り続けた古豪と呼ばれる SL の約 3 倍を誇り、国鉄・JR グループのイメージアップをはじめ、大きな功績を残して東海道・山陽新幹線から引退した。100 系は総数 1056 両が製作されたが、X 編成が定期運用から引退した 99 年度からついに廃車がはじまり、櫛の歯が欠けるように在籍両数は減少していくのである。

悲しい出来事は続くもので、孤塁を守っていた V 編成の食堂車も 2000 年 3 月を最後に営業終了し、博多開業に先立って 74 年 9 月から営業を開始した新幹線食堂車は 26 年弱でその歴史に幕が降ろされた。さらに 2002 年 5 月には V 編成の定期運

写真 8-1　グランドひかりさよなら運転パンフレット（大森正樹提供）

用が終了し、11 月 23 日の「グランドひかりさよなら運転」を最後に引退した。新大阪〜博多間 1 往復の運転だったが、上り「ひかり 568 号」はグランドひかり全盛期と同じ 2 時間 49 分で同区間を走破した。またさよなら運転に合わせて食堂車もリバイバル営業され、その歴史の掉尾を飾ったのである。

†東海道新幹線からの引退と16両編成の消滅

　JR 東海は 91 年度から 300 系・700 系と高速車両の投入を続け、0 系さらには 100 系の置換えが進められていた。これまで「のぞみ」の増発が困難だったのは、最高速度 270 km/h の列車と 220 km/h の列車が混在したためであった。すなわち「のぞみ」を無理に増発すれば中間駅に停車する「ひかり」がいたずらに増加して退避時分が伸びるなどの問題があった。全編成の 90% が 270 km/h 運転対応の車両に置き換わった 01 年 10 月ダイヤ改正で「のぞみ」の 30 分間隔運転が実現した。そして 03 年 10 月、品川新駅開業と全列車 270 km/h 化により、7-2-3 パターンを導入し「のぞみ」の大増発が実施された。東海道新幹線のサービスレベルが飛躍的に向上し、日本の大動脈輸送を一気に転換させることになり、「のぞみ」は京浜〜名古屋〜京阪神の大都市圏をつなぐ列車、「ひかり」は東京〜新大阪間の主要都市をつなぐ列車、「こだま」は東海道新幹線各駅をつなぐ列車という位置付けを明確にしたダイヤ改正であった。また従来は全車指定席だった「のぞみ」に自由席が設定され、利用しやすくなった。

表8-3　99年3月ダイヤ改正 カフェテリア営業列車一覧（定期列車のみ）

列車番号・列車名	東京		新大阪		博多	記事
101A ひかり 101 号	6:13	→	9:12	→	12:30	G 編成
103A ひかり 103 号	7:07	→	10:06	→	13:25	G 編成
107A ひかり 107 号	8:07	→	11:06	→	14:24	G 編成
111A ひかり 111 号	9:07	→	12:06	→	15:20	G 編成
115A ひかり 115 号	10:07	→	13:06	→	16:25	G 編成
117A ひかり 117 号	11:07	→	14:06	→	17:20	G 編成
119A ひかり 119 号	12:07	→	15:06	→	18:25	G 編成
106A ひかり 106 号	15:14	←	12:17	←	8:52	G 編成
114A こだま 114 号	18:14	←	15:17	←	11:58	G 編成
118A ひかり 118 号	19:14	←	16:17	←	12:52	G 編成
122A ひかり 122 号	20:14	←	17:17	←	13:52	G 編成
124A ひかり 124 号	21:14	←	18:17	←	14:54	G 編成
126A ひかり 126 号	22:14	←	19:17	←	15:52	G 編成
128A ひかり 128 号	23:43		20:43	←	17:31	G 編成
182A ひかり 182 号			名古屋 22:43		広島 19:41	G 編成

　ここで時計の針をX編成引退直前の99年3月当時に戻そう。当時のG編成は表8-3のように東京〜博多間列車を中心にカフェテリアの営業が継続されていた。表8-2と比較すると分かるように、引退したX編成の後を引き継ぐ格好でカフェテリアが営業され、V編成の食堂車とともに最後の輝きを見せていた。しかし01年10月ダイヤ改正で足の遅いG編成は東海道区間の「こだま」運用（もちろんカフェテリアは非営業）を中心に使用されるようになり、「ひかり」運用は名古屋〜博多間1往復のみに削減された。この「ひかり」は唯一のカフェテリア営業列車として残されたが、食堂車と同様に時代のニーズに合わなくなっていたことは否めず、傍から見ても営業終了は時間の問題のように映った。

　そして全列車が270 km/h化される03年10月ダイヤ改

写真 8-2　東海道新幹線での 100 系運転最終日（朝日新聞社提供）

正は、最高速度 220 km/h の 100 系が東海道区間から引
退することを意味していた。こうして 03 年 8 月に 100
系の「ひかり」運用が終了し、カフェテリア営業も終焉
を迎えた。カフェテリア営業が終了した 100 系 G 編成
は、03 年 9 月 15 日の臨時ひかりを最後に山陽区間か
ら、16 日の臨時「ひかり 309 号」を最後に東海道区間
から引退した。100 系が営業運転を開始した 1985 年、
そして東海道区間から引退した 2003 年はいずれも阪神
タイガースが優勝した年だったと、同球団をこよなく愛
する関係者は語ったが、阪神タイガースが 18 年ぶりに
優勝を決めた翌日の 9 月 16 日が 100 系の東海道区間ラ
ストランとなった。ここに 16 両編成の 100 系が消滅
し、JR 東海 100 系は 03 年度末までに全車両が廃車され
た。なお余談になるが、山陽区間では 04 年 1 月 22 日に

ピンチランナーとして使用された岡山〜博多間の「こだま」がG編成の、かつ16両編成100系の最後の営業運転だったと一部の文献に記されている。

3 100系の晩年

†山陽「こだま」への転用

　山陽新幹線新大阪〜博多間は「のぞみ」の増発により時間短縮されたが、一方で最高速度の低い0系・100系を使用した「ひかり」との所要時間は1時間の差が生じていた。この対策として8両編成の700系を「ひかり」に投入して最高速度を285km/hに向上させ、約30分短縮するなどサービスアップが図られることになった。こうして誕生した700系7000番台「ひかりRail Star」は2000年3月ダイヤ改正から営業運転が開始されたが、これに伴い捻出した100系V編成を短編成化して山陽「こだま」に転用し、老朽化していた0系を置き換えることになった。

　「100系の短編成化に当たっては、最大限の必要編成数とするため、V編成の電動車108両をすべて活用しました」と、JR西日本車両部で100系の転用改造に携わった永野豊は語った。山陽「こだま」で使用できない2階建てグリーン車・食堂車は残念ながら廃車されたものの、普通車はすべてが活用され、将来の転用時にも車両の寿命を全うできるよう先頭車を電動車とした設計思想が活きることになった。100系の山陽「こだま」は4両・6両編成の計22編成が改造されたが、V編成は9

編成しかなく先頭車が不足するため、V編成の中間電動車にG編成先頭車の先頭部を切り取って接合する先頭車化改造が施行された。JR西日本に在籍するG編成（7編成）だけでなく、JR東海で廃車となった6編成を譲り受け、13編成26両はG編成の先頭部が活用されたのである。ところでG編成先頭車は付随車のため、V編成先頭車と同様ノーズコーン下部に主電動機冷却風のパンチング穴が設けられたが、改造費は先頭部を新製するよりも安い約5000万円だったと当時の新聞は報じた。

　また編成中には身障者対応車両が必要になるが、V編成には16両編成で1両しかない。そこでG編成の先頭部を使用した編成の身障者対応車両を活用したが、G編成とV編成では性能が異なることから、V編成の電気機器が使用され、「2両で1両を生み出す」転用改造が施行された。ところでV編成には山陽区間でATC信号を読み替えるトランスポンダが設けられていたが、G編成先頭車にはトランスポンダがないので、100系の山陽「こだま」編成は最高速度220km/hに統一され、不要となったV編成のトランスポンダは撤去された。

　4両編成のP編成第1陣は00年度に完成、10月から広島〜博多間で営業運転が開始されたが、このP編成は新大阪駅でのATC信号システムの制約で、新大阪までは乗入れず、姫路（岡山）〜博多間で使用された。翌01年度には6両編成のK編成が完成し、新大阪〜博多間「こだま」などで使用されるようになった。当初の「こだま」編成転用改造車のシートは2+3列シートがそのまま流用されたが、01年度改造車からは2+2列シー

トへのサービスアップが図られた。

　「輸送・営業サイドから、ゆったりした快適な輸送の提供により「こだま」の魅力アップを図りたいとの意見がありました。そこで廃止された「ウェストひかり」で不要になったシートを再利用しましたが、全編成を取り替えるには不足するので、廃車になるV編成・G編成グリーン車シートも再利用しました」と永野は経緯を語ったが、シート表地は「ウェストひかり」と同じく奇数号車を赤系、偶数号車を青系で統一された。この4列シートをアピールするため、「新緑や若葉など新たな誕生の息吹」をイメージしたライトグレーを基調にフレッシュグリーンのラインを入れた新しい外部色に変更されたが、これも輸送・営業サイドの要請だったと永野は補足した。こうして04年度までにP編成は12編成、K編成は10編成が改造され、06年3月現在ではP編成・K編成は山陽新幹線各駅の都市間輸送に使用された。

† 100系の挽歌

　山陽「こだま」への転用で100系も安泰かと思われたが、07年7月にはJR東海・JR西日本が共同開発した新形式のN700系量産先行車が営業運転を開始した。最高速度は300 km/h（東海道区間は270 km/h）に向上したほか、東海道区間のデジタルATC導入に対応できるよう加速性能は通勤形電車並みの2.6 km/h/sに向上した。東海道区間の半径2500 m曲線区間は250 km/hに制限されていたが、N700系では曲線通過時に外軌側の空気ばねを上昇させる車体傾斜システムを採用し、直線区間と等

写真 8-3　オリジナル塗色に変更された晩年の K 編成（寺本光照提供）

速の 270 km/h に向上した。

　先頭形状は微気圧波を低減させるため、断面積分布最適化の計算手法を用いて開発し、先頭部長さを 700 系の 9.2 m から 10.7 m に伸ばしたエアロダブルウイングと呼ばれる形状が採用された。主回路システムは 700 系をベースに、編成出力アップのため主電動機出力を向上したほか、電動車比率を高めた 14M2T（両先頭車以外は電動車）で構成された。N700 系量産車の編成定員は 700 系と同一で受動喫煙防止のため全席禁煙とし、編成中 4 か所に喫煙ルームが設けられたほか、モバイル用コンセントはグリーン車全座席と普通車最前後部と窓側席にも設けられた。

　N700 系の「のぞみ」投入に伴い、捻出された 500 系は短編成化して山陽「こだま」に転用され、最後まで残った 0 系編成が 08 年 11 月に引退した。そうなると次に置き換えられるのは 100 系になるが、100 系も 09 年に

は車体の側柱に傷が発見されるなど傷みが隠せなくなっていた。翌 10 年度には K 編成の 3 編成がオリジナル塗色に変更された。当時のプレスリリースには「営業運転を開始した頃の姿に近づけることで、100 系新幹線に思い出のあるお客様を中心に多くの方に懐かしんでいただきたいと考えた」と記されているが、一時代を築いた車両が営業運転開始当時の外部色に復元されるのは終焉近い時期なのが世の常、100 系の引退が遠くないことを暗示していた。そして 11 年 3 月に P 編成の定期運用が終了、K 編成も翌 12 年 3 月 16 日の臨時「ひかり 445 号」を最後に山陽区間からも引退し、ここに 100 系は 27 年のまばゆいばかりに光り輝いた生涯に幕を閉じたのである。

　引退後の 100 系は、保存用の先頭車 1 両を除いて 12 年度までに廃車された。JR 西日本の新下関乗務員訓練センターに訓練用車両として P2 編成が残された。この編成も 13 年 4 月以降はコンピューターによるシミュレーションに置き換わり 3 月に使用が終了、名実ともに 100 系が東海道・山陽新幹線から姿を消した。

　JR 西日本の 100 系は引退後も V 編成の 2 階建て食堂車と K 編成の先頭車が博多総合車両所に保管された。2 階建て食堂車は 2020 年現在も博多総合車両所で保管され、同所のイベント時などに公開されている。また先頭車は 16 年開業の京都鉄道博物館に搬入され、2020 年現在は同館で保存展示されている。ちなみにこの先頭車（122 形 5003 号車）は 89 年度に新製後、2012 年 3 月まで営業運転に使用された。この 24 年に達した車齢は 100

系一族のなかでは最長命の車両で、累計走行距離は1000万キロを超えている。

一方、JR東海の100系は引退後もX編成の2階建て食堂車（量産先行車）と先頭車（量産車）が浜松工場に保管され、同工場のイベント時などに公開されていたが、両車とも11年開業のリニア・鉄道館に搬入され、2020年現在は同館で保存展示されている。

† 100系の残したもの

2020年7月、N700Sが東海道・山陽新幹線で営業運転を開始した。2020年代の主力車両として活躍することは間違いないが、100系の技術や設計思想がどのように受け継がれているかをうかがうため、国鉄時代の100系から設計に携わり、N700Sでは設計開発の責任者を務めたJR東海執行役員の上野雅之総合技術本部副本部長を訪ねた。

「私は国鉄時代の100系ではブレーキ装置の担当で、量産先行車の設計が完了した段階で引き継いだので、車両全体を知る立場ではありませんでしたが、100系の客室は0系に比べて静粛性や居住性が格段に良くなり、量産先行車の公式試運転に乗ったとき、いい車両だというのが第一印象だったことを憶えています。回転できる3人掛シートや深いリクライニング角度の成立する1040mmのシートピッチなど100系で確立したアコモデーションは、お客様第一の考えとともに、300系からN700Sにいたるまで受け継がれています」と上野雅之は語った。また100系は部外の工業デザイナーが本格的に車両

設計に参加する先駆けとなり、アコモデーション改良に大きく貢献しましたがという筆者の問いに、

「100系のデザインは部外の工業デザイナーにお願いしました。300系以降も手銭正道先生、木村一男先生や福田哲夫先生にお願いしていますし、福田先生にはN700系・N700Sを中心的にやっていただいています。新幹線電車はデザインよりも性能・機能を重視するので、基本は性能ありきです。先頭形状にしても、トンネルの微気圧、走行抵抗・空気抵抗などの性能が前提になって、その基本性能を具体化するうえでデザインが出てきて、そのデザインを性能面でまたブラッシュアップして作りあげていきます。これは先頭形状だけではなく客室なども同様で、特にN700Sグリーン車のシンプルなデザインは福田先生にいろいろ考えていただいたことが技術的に実現できました。デザイナー、メーカそしてわれわれ事業者がお互いに切磋琢磨してできた結果だと思っています」と上野は答えた。

「100系は新幹線電車では初めて付随車を組み入れてコスト低減を図ったほか、軽量化も強く意識していました。これらの施策も後の新幹線電車に受け継がれていますが、忘れてならないのがモニタ装置で、車両のデータがATCチャートとして出力されるようになりました。0系にもチャートはありましたが、出力される情報はATC関係に限られていたのに対し、100系では機能が増強されて滑走・空転の発生やどの機器が壊れたといった情報のほか、速度・キロ程といったデータが記録され、これらが車両の状態を監視するうえで非常に大きな

役割を果たしました。いま当社は車両の状態監視で、車両の状態を蓄積するとともに地上に伝送して解析し、設計・保守面にフィードバックしていますが、その先駆けが100系だったのです。もちろん現在のN700Sの情報量は比較にならないくらいに進化していますが、100系がその後の状態監視発展のきっかけになったことは間違いありません」と上野は語った。N700S量産車は運転状況や機器の動作状態のほか、軌道・架線の状態を伝送するシステムを2021年から導入と報道されているが、100系のシステムはその原点になったのである。

　ところで国鉄改革の大きな潮流のなか、100系は国鉄・メーカ技術陣が背水の陣で設計・開発に臨んだ。「技術は人なり」といわれるが、その点を聞いてみると、　「100系の残した最大の財産は人材といっていいでしょう。0系量産車の開発から20年経っていた時代を100系が破り、そのときに技術だけでなく技術者がリセットされました。JRになってからの車両開発に100系の経験が活かされたことは間違いありません。新形式車の開発は負荷が高く、その過程にはトラブルが少なからずありますが、100系でブレークスルーした経験が次のステップに進む大きな起爆剤になりました。当社の新幹線電車は約7年サイクルで新形式車を導入していますが、その技術開発を通じて技術ノウハウを蓄積することで、100系を経験していない世代にも、その設計思想などが受け継がれています。もちろんVVVFインバータ制御などの技術面では100系と300系以降では大きな断層がありますが、100系は人材や設計開発の仕組みの起点と

なり、安全快適にお客様を運ぶという基本事項だけでなく、新幹線のさらなる進化のきっかけになった、そういう歴史的意味合いは大きいと思います」と上野は語った。

□

　JR東海総合技術本部を後にした筆者は、100系の設計思想はN700Sにいたるまで受け継がれ、常に時代を一歩先取りするDNAとして生き続けていることを確信した。東海道・山陽新幹線は、より確かな安全、信頼、快適、そして環境性能のためにさらなる技術開発と技術陣のあくなき挑戦が続けられることであろう。総合技術本部からの帰途に、リニア中央新幹線開業後の輸送体系がどうなるか考えた。輸送量に余裕の出る東海道新幹線に移動を楽しむことを目的とした「二代目100系」の2階建て車両が復活する日がくるのだろうか、そんな思いを巡らせる筆者の眼前をN700系が颯爽と駆け抜けていった。

100系カフェテリア車営業運転開始の頃
——清水千尋氏に聞く（聞き手 福原俊一）

清水千尋（しみず・ちひろ）氏 略歴
1988年2月に㈱パッセンジャーズ・サービス（現在のジェイアール東海パッセンジャーズ）に入社。同年3月ダイヤ改正からカフェテリアに乗務したパーサー第1期生の一人。株式会社ジェイアール東海パッセンジャーズ人事部担当部長（2020年12月現在）。

　100系は民営化後のJR東海でも増備が続けられたが、それまでの食堂車に代わって階上部をグリーン席、階下部をカフェテリアとしたG編成が導入された。カフェテリア車に併せて「新幹線パーサー」が登場し、グリーン車の車内サービス業務、ワゴン販売による車内サービスに当たることになった。
　100系カフェテリア車の誕生とともにパーサー第1期生として100系G編成に乗務していた清水千尋さんに、当時の思い出話をうかがった。

---

①カフェテリア車の営業運転開始まで
—— 清水さんが㈱パッセンジャーズ・サービス（SPS）に入社された当時からお聞かせ下さい。
清水　私は専門学校を卒業して別の会社に勤務していました。1987年10月か11月だったと思いますが、たまたま購入した女性向け求人雑誌に「来年3月から2階建て新幹線で新しいサービスをはじめます、そのために乗務するパーサーを募集します」といったことが書いてある見開きの広告が目に入りました。接客といいますか、

人と接する仕事に興味があったので応募したのですが、12月に合格のお知らせをいただいたので、当時勤務していた会社を辞めて88年2月1日に入社しました。

—— 入社されてからG編成が運転を開始する88年3月13日ダイヤ改正まで極めて短期間ですね。

清水 本当に大変でした。2月1日に入社したとき「これから皆さんと一緒に車内のサービスを作っていきましょう」といわれて、ソフト面は何も決まっていませんでした。そういう状態

写真9-1 パーサー時代の清水千尋（本人提供）

だったので、最初は接客マナーを教える会社の講師に来ていただいて合宿しながら勉強したり、当時の列車食堂を受け持っていた帝国ホテルに一週間ほどお邪魔して、フロントに立たせていただくなどホテルのサービスを勉強させていただいたりしました。それで2月前半が終わって、後半は2階建てグリーン車のサービスをどう提供しようか、カフェテリアの商品の並べ方をどうしようかといったことを考えていました。

—— まさに「ぶっつけ本番」だったのですね。ところでカフェテリア車に並ぶ総菜が目新しかったですが、御社で製造されたのですか？

清水　少し後には SPS でも製造するようになりましたが、最初は東京と大阪に拠点を持つ総菜メーカさんから仕入れました。私たちもそれまであまり触れたことのない個食のパッケージをたくさん並べるタイプのもので、総菜会社の都内の店舗にうかがって並べ方を見学した記憶があります。

―― 商品の並べ方は、ゼロベースで考えられたのですか。

清水　基本的な並べ方は、総菜会社から教えていただきました。それをベースにして、車内のショーケースの冷蔵庫は設定温度が複数に分割されているので、デザート類のように冷やさなければならない商品は冷える冷蔵庫に置かないといけません、そういった条件から商品の並べ方を決めていきました。

―― そして 2 月後半には 100 系 G 編成が完成します。

清水　いよいよ G 編成が完成したので、大井の車両基地に出かけて真新しいカフェテリア車に入って、営業運転がはじまったときのシミュレーションをしました。それでダイヤ改正まで 1 週間を切った時期だと思いますが、プレス関係者を呼んだリリースがあって、そのときはじめて東京～新大阪間を乗務し、カフェテリアに商品を実際に並べました。このとき制服は用意されていたのですが、最初は帽子がなかったのです。やはり帽子が欲しいと私たちがお願いして、制服のデザインに合う帽子を探して下さいました。当時は帽子もそうですが、おしぼりを入れるトレーなども欲しいとお願いすると、会社総出であちこちから集めて下さいました。

②カフェテリア車の営業運転開始

清水 私は3月13日の初日は東京8:44発の「ひかり343号」に乗務しました。私たちは1往復の乗務で、大阪で3時間くらい待って新大阪16:44発「ひかり352号」で東京に帰る乗務を繰り返しました。

―― カフェテリアもそうですが、グリーン車の車内サービス業務を女性乗務員が担当するのも当時は画期的でした。

清水 グリーン車ではトレーに載せたおしぼりを配るなど、○時○分に何をするというタイムスケジュールも自分たちで考えました。カフェテリアの商品を組み合わせたメニューをグリーン車のお客様に見ていただいて、下で温めてお席に運ぶこともしていました。

―― 民営化間もない当時の関西出張には割安な回数券でグリーン車を何度か利用しましたが、車内改札をパーサーが担当するようになったことを憶えています。

清水 いえ、車内改札業務が始まったのは91年頃で、当初は行っていませんでした。

―― 私の記憶違いだったようで失礼しました。ところで英会話は勉強されたのですか。

清水 JR東海に在籍されていた先生に1日教えてもらったくらいでしたが、英会話が流暢な同期が一人いたので、彼女と一緒にこんなときはこんなふうに言おうみたいなマニュアルを作った記憶があります。車内放送は、どなたかが文案を作って下さって、その英文を読んでいました。

―― 100系の英語の案内は自動放送ではありませんでし

写真9-2　営業中のカフェテリア室内（ジェイアール東海パッセンジャーズ提供）

たか？

清水　列車の案内はそうでしたが、私たちは「これから
カフェテリアをオープンします、ワゴンサービスと併せ
てご利用ください」と案内した後に英語で案内していま
した。それと「これで営業を終了します、またのご利用

をお待ちしています」と案内した後も英語で案内していました。

――営業開始当初のカフェテリア車は盛況だったと聞いていますが。

清水　営業初日か少し後だったか記憶が判然としないのですが、新大阪発の「ひかり352号」は夕食にかかる時間帯が大混雑で、列の最後は7号車のトイレ付近までつながっていました。その列が途切れて「やっとお客様が途切れた」と思って窓の外を見たとき熱海の夜景だったことが忘れられません。これから精算業務とか店じまいしなければならないのに、どうしようと思いました。あのときは新大阪を発車して「準備ができました」とご案内し、京都を過ぎたあたりから列が途絶えませんでした。

――休憩する時間もなかったのですね。

清水　営業開始当初は大変でしたが、冷蔵庫メーカや総菜メーカも一緒に乗って、点検して下さったり商品のヒートアップを手伝って下さったりしました。当時の関係会社の皆様にご支援をいただいたので、無事に立ち上げることができたと感謝しています。

――商品は東京（新大阪）駅で積み込んでから並べて、発車直後にオープンですから時間との戦いだったのではと拝察します。

清水　カフェテリア車に載せた商品を、発車までにみんなでバットから中身を出して並べました。発車するとすぐにお客様がきてしまうので、時間が限られています。どの商品をどこに並べるかはだんだん覚えていきましたが、並べ方を決めるのも並べるのも大変でした。

―― ところで89年3月ダイヤ改正で、G編成は広島まで延伸されますが。

清水 当時は新大阪以西に行く列車にSPSは乗務していませんでした。当時のジェイダイナーさんが担当されるので、ダイヤ改正前に私たちが同社にお邪魔してカフェテリアのサービスはこういうことをしていますと説明したりしました。その後、ジェイダイナーのパーサーが来られて、一緒に乗務したことも記憶しています。

□

清水 カフェテリア車も当初は盛況でしたが、時代の変化というのでしょうか、エキナカ、デパ地下、とかコンビニも充実するようになりました。私たちの営業のライバルが周辺の商業施設とか持ち込み需要に途中から変化したのです。それと「のぞみ」でスピードアップすると、あらかじめ購入された食事を召し上がってお仕事をされるみたいな、そういう変化もあったと思います。

―― そういった時代背景の変化で、カフェテリア車の時代を終えたのですね。

清水 私がSPSに入社した当時は、JRになって東海道新幹線に新しいサービスを提供するという考えを社員全員が共有していました。カフェテリア車は引退してしまいましたが、お客様に喜んでいただける心のこもったサービスを提供するという理念は、100系が引退した後も受け継がれていると思っています。

―― 本日はありがとうございました。

おわりに

　鉄道車両は数十年にわたる生涯の間に大勢の関係者が携わり、大勢の人々が乗客として接する産業技術材である。筆者は車両史の研究をライフワークとしているが、開発にかけたトップの思い、時代のニーズを一歩先取りした技術水準と設計思想、運転や保守に従事した関係者の苦労が大きければ大きいほど強いオーラが内面から放たれると、歳をとるにつれて思うようになった。
　国鉄民営化前後の時代に東海道・山陽新幹線のフラッグシップトレインとして活躍を続けた100系新幹線電車は、オーラが伝わってくる車両の一つだった。2010年代に伊藤順一・池田憲一郎両氏から100系の開発に当た

写真10-1　1986年11月ダイヤ改正を目前に勢ぞろいした100系（北山茂提供）

って幾多のブレークスルーがあったことをお聞きした
が、その物語を後世に残そうという思いは数年の星霜を
経て実を結び、20名を超える関係者に聞取りさせてい
ただく長い旅路がはじまった。すでに退職された方も少
なくなかったが、技術屋として充実していた当時の思い
出を語ってくださったことに厚くお礼申し上げたい。関
係者の一人は、地球防衛のため未完成の状態でイスカン
ダルに旅立つ「宇宙戦艦ヤマト」に100系が被ってみえ
て仕方がなかったと懐かしそうに語ったが、背水の陣で
ブレークスルーを成し遂げた関係者の思いを表している
といえよう。

　拙作をまがりなりにも刊行できたのは、当時の思い出
をお聞かせいただいた須田寛氏をはじめとする皆様、図
版提供や取材協力をいただいた JR 東海 リニア・鉄道
館、川崎重工業・近畿車輌・日立製作所・日本車輌製
造・総合車両製作所各社、交友社・イカロス出版各社、
そして何より JR 東海・JR 西日本、ジェイアール東海
パッセンジャーズのご支援をいただいた賜で、この場を
借りて厚くお礼申し上げる。末尾ながら、拙作の刊行に
あたりご尽力いただいた筑摩書房の松田健氏に厚くお礼
申し上げ、100系の産業技術史的な足跡をつづった物語
の結びとしたい。

参考資料・参考文献一覧

『100系新幹線旅客電車説明書（量産先行試作車）』日本国有鉄道 車両設計事務所、1985

『100系電車（モデルチェンジ車）の概要』日本国有鉄道 車両局 車両課、1985

『100系新幹線電車 量産車 説明書』日本国有鉄道 車両局車両 課、1986

『東海道・山陽新幹線二十年史』日本国有鉄道 新幹線総局、1985

『新幹線の30年 その成長と軌跡』東海旅客鉄道 新幹線鉄道事業 本部、1995

『新世紀へ走る JR西日本10年のあゆみ』西日本旅客鉄道、1997

『東海旅客鉄道20年史』東海旅客鉄道、2007

『新幹線50年史』交通協力会、2015

『100系 専任班の記録』日本国有鉄道 大井支所試験科、1986

『車両計画資料集』日本国有鉄道 車両局車両課、1987

『車両の話題』各号、日本国有鉄道 車両設計事務所

『車両技術』各号、日本鉄道車輌工業会

『交通技術』各号、交通協力会

『電気車の科学』各号、電気車研究会

『電車』各号、交友社

『鉄道工場』/『R&m』各号、日本鉄道車両機械協会

『JREA』各号、日本鉄道技術協会

『鉄道技術用語辞典』鉄道総合技術研究所編、1997

『高速鉄道物語』日本機械学会、1999

『JISハンドブック 鉄道』日本規格協会、2019

寺本光照『国鉄・JR列車名大事典』中央書院、2001

佐藤芳彦『新幹線テクノロジー』山海堂、2004

南谷昌二郎『山陽新幹線』JTBパブリッシング、2005

須田寛『東海道新幹線50年』交通新聞社、2014

『東海道新幹線の進化──100系新幹線電車のデビューと果たした役割』JR東海 リニア・鉄道館、2019

『鉄道ピクトリアル』各号、電気車研究会

『鉄道ファン』各号、交友社

『鉄道ジャーナル』各号、鉄道ジャーナル社

『国鉄（JR）電車編成表』各号、交通新聞社

『新幹線電車データブック2013』交通新聞社、2013

取材にご協力いただいた方々 （敬称略・五十音順）

池田 憲一郎（いけだ けんいちろう）　　栗山 敬（くりやま たかし）

石川 栄（いしかわ さかえ）　　　　　　坂田 一広（さかた かずひろ）

伊藤 順一（いとう じゅんいち）　　　　清水 千尋（しみず ちひろ）

上野 雅之（うえの まさゆき）　　　　　須田 寛（すだ ひろし）

遠藤 泰和（えんどう やすかず）　　　　高根 公和（たかね きみかず）

太田 芳夫（おおた よしお）　　　　　　千波 聡（ちば さとし）

大西 貢（おおにし みつぐ）　　　　　　永野 豊（ながの ゆたか）

小河原 誠（おがわら まこと）　　　　　羽田 憲一（はだ けんいち）

勝見 洋介（かつみ ようすけ）　　　　　服部 守成（はっとり もりしげ）

木俣 政孝（きまた まさたか）　　　　　森下 逸夫（もりした いつお）

木村 一男（きむら かずお）　　　　　　八野 英美（やの ひでみ）

資料のご提供・ご教示をいただいた方々 （敬称略・五十音順）

大森 正樹（おおもり まさき）

奥井 淳司（おくい あつし）

寺本 光照（てらもと みつてる）

三浦 衛（みうら まもる）

ちくま新書
1564

新幹線 100 系物語
しんかんせん　けいものがたり

2021 年 4 月 10 日　第 1 刷発行

著者
福原俊一
（ふくはら・しゅんいち）

発行者
喜入冬子

発行所
株式会社 筑摩書房
東京都台東区蔵前 2-5-3　郵便番号 111-8755
電話番号 03-5687-2601 （代表）

装幀者
間村俊一

印刷・製本
株式会社 精興社

ちくま新書